新规范解读系列丛书

建筑结构荷载规范 GB 50009—2012 解读与应用

沙志国　沙　安　编著

陈基发　主审

中国建筑工业出版社

图书在版编目（CIP）数据

建筑结构荷载规范 GB 50009—2012 解读与应用/沙
志国，沙安编著．—北京：中国建筑工业出版社，2014.11
新规范解读系列丛书
ISBN 978-7-112-17303-7

Ⅰ．①建…　Ⅱ．①沙…②沙　Ⅲ．①建筑结构-结构荷载-建筑
规范-中国　Ⅳ．①TU312-65

中国版本图书馆 CIP 数据核字（2014）第 222991 号

　　本书内容针对新修订的《建筑结构荷载规范》GB 50009—2012 的理解和实际运用，不注重条文的理论探讨，目的在于使读者能对新规范有比较系统、全面和清晰的了解，同时尽量帮助读者理解规范和具体应用中应注意的一些问题，因而在有关章适当附有例题作为应用示例，并在附录中收集了一些在新规范中未列入的荷载参考资料，以便读者查阅。

　　本书可供建筑结构设计、施工、管理、科研人员及大专院校土建专业师生使用和参考。

责任编辑：刘瑞霞　王　梅
责任设计：李志立
责任校对：陈晶晶　刘梦然

新规范解读系列丛书

建筑结构荷载规范 GB 50009—2012 解读与应用
沙志国　沙　安　编著
陈基发　主审

*

中国建筑工业出版社出版、发行（北京西郊百万庄）
各地新华书店、建筑书店经销
北京红光制版公司制版
北京富生印刷厂印刷

*

开本：787×1092 毫米　1/16　印张：8　字数：192 千字
2014 年 12 月第一版　　2014 年 12 月第一次印刷
定价：**28.00** 元
ISBN 978-7-112-17303-7
（26087）

前　　言

　　本书内容针对新修订的《建筑结构荷载规范》GB 50009—2012 的理解和实际运用，不注重条文的理论探讨，目的在于使读者能对新规范有比较系统、全面和清晰的了解，同时尽量帮助读者理解规范具体应用中应注意的一些问题，因而在有关章适当附有例题作为应用示例，并在附录中收集了一些在新规范中未列入的荷载参考资料，以便读者查阅。

　　本书第 1 至 8 章由沙志国执笔，第 9 及 10 章由沙安执笔，全书由陈基发审阅。

　　由于作者水平和知识面的局限性，难免对新规范的理解有不当之处，敬请读者批评指正。

目　　录

第1章 总 则

1.1 概述

原国家标准《建筑结构荷载规范》GB 50009—2001 实施以来（以下简称原规范），我国在建筑工程实践中积累了大量有关建筑荷载的经验，有必要对该国家标准进行补充、完善、修订。规范修订组认真总结了近年来的工程经验（特别是有关风、雪荷载的工程经验）；参考了国外规范和国际标准的有关内容；开展了多项专题研究；在全国范围内广泛征求了建设主管部门以及设计、科研和教学单位的意见；经反复讨论、修改、试设计和审查后形成修订稿上报住房和城乡建设部，已于 2012 年 5 月 28 日批准发布，自 2012 年 10 月 1 日起执行新的国家标准《建筑结构荷载规范》GB 50009—2012（以下简称现行荷载规范）。

1.2 现行荷载规范修订的主要依据

国家标准《工程结构可靠性设计统一标准》GB 50153—2008 是近年来新修订的标准。它对建筑工程、铁路工程、公路工程、港口工程、水利水电工程等土木工程各领域工程结构设计中涉及可靠性理论基础的基本原则、基本要求和基本方法作出了统一规定。因而现行荷载规范在修订过程中，遵循上述国家标准的相关规定并在设计方法上沿用建筑结构工程师所熟悉的以概率理论为基础、以分项系数表达的极限状态设计方法。

1.3 现行荷载规范的使用范围

现行荷载规范的使用范围限于工业与民用建筑的主要受力结构及其围护结构的设计，其中包括附属于该类建筑的一般结构物，例如烟囱、水塔等。

在设计其他土木工程结构或特殊的工业构筑物时，现行荷载规范中规定的风、雪荷载也可作为设计的依据。

对建筑结构的地基基础设计，其上部结构传来的荷载也应以现行荷载规范为依据。

1.4 现行荷载规范中规定的荷载类别

现行荷载规范除保留了原规范中规定的荷载类别内容外，新增加了建筑结构中可能涉及的爆炸荷载和温度作用的规定，特别是后者的新增加规定将现行荷载规范涉及的内容范围由仅为直接作用（荷载）扩充到间接作用。此外现行荷载规范还明确条文中对可变荷载的有关规定同样适用于温度作用。因而涉及温度作用的条文用词也不再区分作用与荷载，统一以荷载表达。

由于国家标准《建筑抗震设计规范》GB 50011—2010 已经对地震作用作出相应规定，因而现行荷载规范不再涉及此项间接作用。

对于其他间接作用如地基变形、混凝土收缩和徐变、焊接变形等引起的作用，目前尚不具备条件列入现行荷载规范。但是尽管现行荷载规范没有给出这些间接作用的规定，在设计中仍应根据实际可能出现的情况加以考虑。

除现行荷载规范明确规定的荷载及作用外，在某些工程中仍有一些其他性质的荷载需要考虑，例如塔桅结构上结构构件、架空线、拉绳表面的裹冰荷载，已由《高耸结构设计规范》GB 50135 规定；储存散料的储仓荷载已由《钢筋混凝土筒仓设计规范》GB 50077 规定；烟囱结构的温差作用已由《烟囱设计规范》GB 50051 规定；建筑边坡支护结构上的侧向岩土压力已由《建筑边坡工程技术规范》GB 50330 规定；设计中均应按相应的规范执行。

第 2 章　术 语 及 符 号

2.1　术语

现行荷载规范除保留原规范中的 23 个术语以外，根据规范中新增温度计算的条文需要，补充"温度作用"、"气温"、"基本气温"、"均匀温度"、"初始温度"5 个新术语。此外现行荷载规范根据原规范使用的经验和新增加的条文内容，对原规范的术语如"偶然组合"、"从属面积"、"动力系数"等的文字解释内容进行了补充和完善。其中"偶然组合"补充了还包括偶然事件发生后，受损结构验算整体稳固性时永久荷载与可变荷载的基本组合；"从属面积"完善为考虑梁、柱等构件均布活荷载折减所采用的计算构件负荷的楼面面积，取消了原荷载规范按楼板的剪力零线划分的规定，以避免与现行荷载规范第 5.1.2 条"注：楼面梁的从属面积应按梁两侧各延伸二分之一梁间距的范围内的实际面积确定"，在某些情况下（例如确定承受均布活荷载简支矩形平面钢筋混凝土双向双向板支承于刚度很大的楼面梁的从属面积时）两者规定可能发生矛盾。总之在考虑梁柱等构件的从属面积时，应根据工程实际情况按合理的设计简图确定。"动力系数"明确为承受动力荷载的结构或构件，当按静力设计时采用的等效系数，其值为结构或构件的最大动力效应与相应的静力效应的比值，比原荷载规范概念更清晰。

2.2　符号

现行荷载规范为便于设计应用，根据新增加的条文内容，对有关条文内容中赋以的符号按四方面（荷载代表值及荷载组合；雪荷载及风荷载；温度作用；偶然荷载）重新进行分类，将符号数量增至 82 个。其中：1）涉及荷载代表值及荷载组合的符号共 16 个（保留原符号 13 个新增加符号 3 个）；2）涉及雪荷载及风荷载的符号共 51 个（保留原符号 18 个新增加符号 33 个）；3）涉及温度作用的新增符号共 6 个；4）涉及偶然荷载的新增符号共 10 个。这些新增符号均反映了现行荷载规范有关条文有修改或新增加的内容。

在本书的第 3 至 11 章将对部分新增的术语及符号作出理解及应用，因而本章不再赘述。

第3章 荷载分类和荷载组合

3.1 荷载分类和荷载代表值

建筑结构设计时，为保证结构构件的安全和满足使用性能要求，应考虑结构构件上可能出现的各种荷载（包括间接作用）。根据《工程结构可靠性设计统一标准》GB 50153—2008 的规定，结构上的作用（包括直接作用—荷载；间接作用）可按性质分类，其中包括按随时间的变化分类、按随空间的变化分类、按结构的特点分类、按有无限值分类及其他分类等。现行荷载规范结合建筑结构的特点及工程设计经验选用了按随时间的变化对建筑结构的荷载进行分类。此分类是最基本的分类，在分析结构可靠度时它关系到荷载概率模型的选择；在按各类极限状态计算时，它还关系到荷载代表值及其效应组合形式的选择。

现行荷载规范根据上述原则将建筑结构的荷载分为以下三种类型：

1）永久荷载：包括结构自重、土压力、预应力及水位不变化的水压力等。

2）可变荷载：包括楼面活荷载、屋面活荷载和积灰荷载、吊车荷载、风荷载、雪荷载、水位变化的水压力、温度作用等。

3）偶然荷载：包括爆炸力、撞击力等。

以上对建筑结构的荷载分类，其中的永久荷载和可变荷载类同于以往所谓的恒荷载和活荷载，而偶然荷载也相当于 20 世纪 50 年代我国建筑结构设计规范中的特殊荷载。

在建筑结构设计中采用何种荷载代表值将直接影响到荷载的取值及大小，也关系到结构设计的安全和使用性能要求。因而现行荷载规范以强制性条文（见规范第 3.1.2 条）对其给予规定。

由于任何荷载都具有不同性质的变异性，在设计中不可能直接引用反映荷载变异性的各种统计参数，并通过复杂的概率运算来进行具体设计，因而在设计时，除采用便于设计者使用的设计表达式外，对荷载需要赋予一个规定的量值，称其为荷载代表值。实际工程中可根据不同的设计要求，规定荷载有不同的代表值，以便能够更确切地反映该荷载在设计中的特点。现行荷载规范根据设计要求的不同给出荷载的四种代表值，即标准值、组合值、频遇值和准永久值。其中荷载标准值是荷载的基本代表值，而其余三种代表值均可在标准值的基础上乘以相应的系数后得出。

此外，现行荷载规范还明确规定，在建筑结构设计时，在不同的设计状况中不同荷载应采用不同的代表值。对永久荷载应采用标准值作为代表值；对可变荷载应根据设计要求采用标准值、组合值、频遇值或准永久值作为代表值；对偶然荷载应按建筑结构使用特点确定其代表值。

3.1.1 荷载标准值

荷载标准值是指在结构的使用期间可能出现的最大荷载值。由于荷载本身的随机性，因而使用期间的最大荷载也是随机变量，原则上可用它的统计分布来描述。按《工程结构可靠性设计统一标准》GB 50153—2008 的规定，荷载标准值统一由设计基准期最大荷载概率分布的某个分位值来确定。其中设计基准期统一规定为 50 年，但对该分位值的百分位未作统一规定。因而通常当对某种荷载有足够资料且有可能对其统计分布作出合理估计时，则在其设计基准期为 50 年的最大荷载的分布上，可根据协议的百分位取其分位值作为该荷载的代表值。原则上可取该荷载概率分布的特征值（例如均值、众值或中值）作为标准值，此情况下在国际上习惯将其称为该荷载的特征值（Characteristic Value）。

目前并非对所有荷载都能取得足够的资料可进行统计分析，为此，不得不从实际出发，根据已有的工程实践经验，通过分析判断后，对该荷载协议一个公称值（Nominal Value）作为标准值的代表值。现行荷载规范中对按以上两种方式规定的荷载代表值统称为标准值。此外，对自然荷载（例如风荷载及雪荷载），工程习惯上都按其平均重现期（50 年一遇）的最大荷载值来定义其标准值，也即相当于以该荷载在重现期 50 年内最大荷载分布的众值作为标准值。

在确定各种可变荷载的标准值时，会涉及出现该荷载最大值的时域问题，现行荷载规范根据《工程结构可靠性统一标准》GB 50153—2008 的统一规定，取设计基准期为 50 年作为荷载最大值的时域，也即相应的房屋建筑考虑结构设计使用年限为 50 年。因此当考虑建筑结构的设计使用年限不同时，现行荷载规范增加应对其可变荷载的标准值进行调整的规定。具体内容如下：

1）对楼面和屋面活荷载的标准值，现行荷载规范规定，其调整系数 γ_L 应按表 3.1.1 采用。

房屋建筑楼面和屋面活荷载标准值考虑结构设计使用年限的调整系数 γ_L 表 3.1.1

结构的设计使用年限（年）	γ_L
5	0.9
50	1.0
100	1.1

注：1. 当设计使用年限不为表中数值时，调整系数 γ_L 可按线性内插确定；

  2. 对荷载标准值可控制的活荷载（如书库、档案库、储藏室、机房、停车库以及工业建筑楼面均布活荷载等），设计使用年限调整系数 γ_L 取 1.0。

应该指出表 3.1.1 中的 γ_L 调整系数值根据概率理论分析，其取值基本偏于保守和安全。

2）对风、雪荷载标准值，现行荷载规范规定可通过选择不同的重现期值来考虑设计使用年限年限的变化的影响。在现行荷载规范附录 E 中除给出重现期为 50 年（设计基准期为 50 年）的基本风压和基本雪压外，也给出重现期为 10 年和 100 年的风压和雪压值，供设计人员选用。

3）对吊车荷载由于其标准值是最大轮压值（见本书第 6 章），与使用时间关系不大，因此现行荷载规范规定不需要考虑结构设计使用年限的影响，即对其不进行调整。

4）对温度作用由于是现行荷载规范新增加的内容，尚未积累较多的设计经验，因此对其标准值暂不考虑设计使用年限影响的 γ_L 调整。

3.1.2　可变荷载的准永久值、频遇值和组合值

按《工程结构可靠性设计统一标准》GB 50153—2008 的规定，可变荷载的准永久值是指在设计基准期内被超越的总时间占设计基准期比例较大的荷载值，可通过准永久值系数（$\psi_q \leqslant 1$）对荷载标准值的折减来表示。它用于确定建筑结构构件按正常使用极限状态验算、荷载偶然组合的承载能力极限状态计算及偶然事件发生后受损结构整体稳固性验算的效应设计值。由于按严格的统计定义来确定准永久值目前还比较困难，因此现行荷载规范对准永久值系数 ψ_q 的规定，大部分是根据工程经验并考虑国外标准的相关内容后确定。对于有可能再划分为持久性和临时性两部分的可变荷载，可以直接引用可变荷载的持久性部分作为其准永久值。

按《工程结构可靠性设计统一标准》GB 50153—2008 的规定，可变荷载的频遇值是指在设计基准期内被超越的总时间占设计基准期的比率较小的作用（荷载）值；或被超越的频率限制在规定频率内的作用（荷载）值，可通过频遇值系数（$\psi_f \leqslant 1$）对荷载标准值的折减来表示。它用于确定建筑结构按正常使用极限状态验算、荷载偶然组合的承载能力极限状态计算及偶然事件发生后受损结构整体稳固性验算的效应设计值。与可变荷载准永久值的情况相同，目前按严格的统计定义来确定频遇值还比较困难，因此现行荷载规范对频遇值系数 ψ_f 的规定，主要根据工程经验判断和参考国外标准的相关内容确定。

可变荷载的组合值是考虑到当作用在建筑结构上需要参与组合的可变荷载有两种或两种以上时，由于全部可变荷载同时达到其单独出现时可能达到的最大值的概率极小，因此，除主导可变荷载（产生最大效应的可变荷载）仍可以其标准值为代表值外，其他伴随的可变荷载均应采用相应时段内的最大可变荷载，也即以小于其标准值的组合值作为荷载代表值。《工程结构可靠性设计统一标准》GB 50153—2008 对可变荷载组合值的定义，是指在设计基准期内使组合后的作用（荷载）效应值的超越概率与该作用（荷载）单独作用出现时的超越概率一致的作用（荷载）值；或组合后结构具有规定可靠指标的作用（荷载）值。并在其附录 C 中对如何确定可变荷载组合值规定了四项原则。这些原则与国际标准《结构可靠性总原则》ISO 2394—1998 的规定方法相同。我国在研究中发现 GB 50153—2008 规定的两种确定可变荷载组合值的方法所得的结果，对实际应用并无显著差别，但使组合后结构具有规定可靠指标的方法在概念上更为合理。由于考虑到目前实际上对可变荷载取样的局限性，现行荷载规范无法按 GB 50153—2008 规定的方法确定可变荷载组合值，主要还是在工程经验范围内偏保守地确定其值，而且暂时不明确组合值的确定方法。

3.2　荷载组合

现行荷载规范根据建筑结构使用过程中在结构上可能出现的荷载，按承载能力极限状态和正常使用极限状态分别进行荷载组合，并应取各自的最不利的组合进行设计。

3.2.1 承载能力极限状态的荷载组合效应设计值

应按荷载的基本组合或偶然组合计算荷载组合的效应设计值，并应采用下列设计表达式进行设计：

$$\gamma_0 S_d \leqslant R_d \qquad (3.2.1\text{-}1)$$

式中 γ_0——结构重要性系数，应按各有关建筑结构设计规范的规定采用；

S_d——荷载组合的效应设计值；

R_d——结构构件抗力的设计值，应按各有关建筑结构设计规范的规定确定。

1. 荷载基本组合的效应设计值 S_d，应从下列荷载组合值中取用最不利的效应设计值确定：

1）由可变荷载控制的效应设计值，应按下式进行计算：

$$S_d = \sum_{j=1}^{m} \gamma_{Gj} S_{Gjk} + \gamma_{Q1} \gamma_{L1} S_{Q1k} + \sum_{i=2}^{n} \gamma_{Qi} \gamma_{Li} \psi_{ci} S_{Qik} \qquad (3.2.1\text{-}2)$$

式中 γ_{Gj}——第 j 个永久荷载的分项系数；

γ_{Qi}——第 i 个可变荷载的分项系数，其中 γ_{Q1} 为主导可变荷载 Q_1 的分项系数；

γ_{Li}——第 i 个可变荷载考虑设计使用年限的调整系数，其中 γ_{L1} 为主导可变荷载 Q_1 考虑设计使用年限的调整系数；

S_{Gjk}——按第 j 个永久荷载标准值 G_{jk} 计算的荷载效应值；

S_{Qik}——按第 i 个可变荷载标准值 Q_{ik} 计算的荷载效应值，其中 S_{Q1k} 为诸可变荷载效应中起控制作用者；

ψ_{ci}——第 i 个可变荷载 Q_i 的组合值系数；

m——参与组合的永久荷载数；

n——参与组合的可变荷载数。

2）由永久荷载控制的效应设计值，应按下式进行计算：

$$S_d = \sum_{j=1}^{m} \gamma_{Gj} S_{Gjk} + \sum_{j=1}^{m} \gamma_{Gi} \gamma_{Li} \psi_{ci} S_{Qik} \qquad (3.2.1\text{-}3)$$

上列荷载基本组合效应设计值中的荷载分项系数应按下列规定采用：

1）永久荷载分项系数 γ_G

当永久荷载效应对结构不利时，对由可变荷载效应控制的组合应取 1.2，对由永久荷载效应控制的组合，为使结构的可靠度达到目标值要求，应取 1.35；

当永久荷载效应对结构有利时，不应大于 1.0，当地下水压力作为永久荷载考虑时，由于受地表水位的限制，其分项系数宜取 1.0。

2）可变荷载分项系数 γ_Q

对标准值大于 $4kN/m^2$ 的工业房屋楼面结构的均布活荷载应取 1.3；

其他情况应取 1.4。

3）对结构的倾覆、滑移或漂浮验算，荷载的分项系数应满足有关的建筑结构设计规范的规定。

应该指出：（1）在上列基本组合中的效应设计值仅适用于荷载与荷载效应为线性的情况。当对 S_{Q1k} 无法明显判断时，应轮次以各可变荷载效应作为 S_{Q1k}，并选取其中最不利的荷载组合的效应设计值，此过程建议由计算机程序的运算来完成。若荷载与效应不是线性关系时，则效应设计值的表达式（3.2.1-2）可按《工程结构可靠性设计统一标准》GB 50153—2008改为下式：

$$S_d = S(\sum_{j=1}^{m} \gamma_{Gj} G_{jk} + \gamma_{Q1} \gamma_{L1} Q_{1k} + \sum_{i=2}^{n} \gamma_{Qi} \gamma_{Li} \psi_{ci} Q_{ik}) \tag{3.2.1-2a}$$

式中 S_d 为荷载组合的效应函数，其中的符号"Σ"和"＋"表示不再是荷载效应在数值上的简单叠加，而是它们在逻辑意义上的合并或组合。此组合原则也适用于其他设计状况的荷载组合效应设计值。（2）在应用公式（3.2.1-3）的组合式时，是将永久荷载视为主导荷载，其余的可变荷载均视为伴随荷载因而应采用相应的组合值。此外，对可变荷载出于简化的目的，也可仅考虑与结构自重方向一致的竖向荷载，而忽略影响不大的横向荷载（3）对某些材料的结构可考虑自身的特点，由各结构设计规范自行规定，而不采用上列组合式进行校核。

与原荷载规范相比较，现行荷载规范取消原规范第3.2.4条对于一般排架、框架结构基本组合可采用简化规则的规定。这是考虑到简化规则缺乏理论依据，当前建筑结构的内力分析及荷载组合的计算基本由计算机软件完成，实际工程设计中的排架及框架结构已经很少采用简化规则。

2. 荷载偶然组合的效应设计值 S_d 可按下列规定采用：

1）用于承载能力极限状态计算的效应设计值，应按下式进行计算：

$$S_d = \sum_{j=1}^{m} S_{Gjk} + S_{Ad} + \psi_{f1} S_{Q1k} + \sum_{i=2}^{n} \psi_{qi} S_{Qik} \tag{3.2.1-4}$$

式中　S_{Ad}——按偶然荷载标准值 A_d 计算的荷载效应值；

ψ_{f1}——第1个可变荷载的频遇值系数；

ψ_{qi}——第 i 个可变荷载的准永久值系数。

2）用于偶然事件发生后受损结构整体稳固性验算的效应计算值，应按下式进行计算：

$$S_d = \sum_{j=1}^{m} S_{Gjk} + \psi_{f1} S_{Q1k} + \sum_{i=2}^{n} \psi_{qi} S_{qik} \tag{3.2.1-5}$$

以上两组合中的设计值仅适用于荷载与荷载效应为线性的情况。

和原荷载规范相比较，现行荷载规范修订了原规范的有关内容，明确给出偶然事件发生时结构承载力计算和偶然事件发生后受损结构整体稳固性验算的效应设计值计算公式。公式主要考虑到：（1）由于偶然荷载标准值的确定往往带有主观和经验的因素，因而设计表达式中不再考虑荷载分项系数，而直接采用规定的标准值作为设计值；（2）对荷载偶然组合设计状况，偶然事件本身属于小概率事件，两种不相关的偶然事件同时发生的概率更小，因而不必同时考虑两种或两种以上的偶然荷载；（3）偶然事件的发生是一个强不确定性事件，偶然荷载的大小也是不确定的，因而在实际情况下的偶然荷载标准值可能发生超过规定设计值，也就意味着按规定设计值设计的结构也存在破坏的可能性，因而为保证人员的生命安全，结构设计还应保证偶然事件发生后受损结构能够承担对应于偶然荷载组合设计状况的永久荷载和可变荷载。为此，现行荷载规范分别给出偶然事件发生时承载力计算和发生后整体稳固性验算两种不同的效应设计值表达式。公式（3.2.1-4）及公式（3.2.1-5）使荷载偶然组合的效应设计值的确定比原规范概念明确和反映了该领域的技术进步。

由于偶然荷载的特点是出现的概率很小，而一旦出现，量值很大，并往往具有很大的破坏作用甚至引起结构发生连续倒塌。因此设计人员和业主首先应控制偶然荷载发生的概率或减小偶然荷载的强度，其中的一些设计原则可查阅相关的参考资料（如《混凝土结构设计规范》GB 50010—2010 第 3.6 节及《高层建筑混凝土结构技术规程》JGJ 3—2010 第 3.12 节等）；其次才是进行偶然荷载发生的整体稳固性验算，目前我国已在一些结构设计规范中（如 GB 50010—2010、JGJ 3—2010 等）增加和补充了有关整体稳固性验算的设计规定，为设计人员提供了设计依据。

3.2.2 正常使用极限状态的荷载组合效应设计值

应根据不同的设计要求，采用荷载的标准组合、频遇组合或准永久组合，并应采用下列设计表达式进行设计：

$$S_d \leqslant C \tag{3.2.2-1}$$

式中 C ——结构或结构构件达到正常使用要求的规定限值，例如变形、裂缝、振幅、加速度、应力等的限值，应按各有关建筑结构设计规范的规定采用。

1. 荷载标准组合的效应设计值 S_d 应按下式进行计算：

$$S_d = \sum_{j=1}^m S_{Gjk} + S_{Q1k} + \sum_{i=2}^n \psi_{Ci} S_{Qik} \tag{3.2.2-2}$$

2. 荷载频遇组合的效应设计值 S_d 应按下式进行计算：

$$S_d = \sum_{j=1}^m S_{Gjk} + \psi_{f1} S_{Q1k} + \sum_{i=2}^n \psi_{qi} S_{Qik} \tag{3.2.2-3}$$

3. 荷载准永久组合的效应设计值 S_d 应按下式进行计算：

$$S_d = \sum_{j=1}^m S_{Gjk} + \sum_{i=1}^n \psi_{qi} S_{Qik} \tag{3.2.2-4}$$

以上组合中的设计值仅适用于荷载与荷载效应为线性的情况。此外关于正常使用极限状态的荷载标准组合、频遇组合、准永久组合的效应设计值 S_d 的计算公式虽然沿用原荷载规范规定，但根据近十年来的国际和国内科学研究成果，对以上三种设计状况的适用范围有新的认识，具体内容已在《工程结构可靠性设计统一标准》中规定，它指出：标准组合宜用于不可逆正常使用极限状态设计；频遇组合宜用于可逆正常使用极限状态设计；准永久组合宜用于当长期效应是决定性因素时的正常使用极限状态。其中不可逆正常使用极限状态设计是当产生超越正常使用极限状态的荷载卸除后，该荷载产生的超越状态不可恢复，反之则为可逆正常使用极限状态。由于我国以往对荷载频遇值及正常使用状态的荷载频遇组合尚缺乏深入的研究，结构设计人员对它尚不够熟悉，因此虽然自 2001 年以来在原荷载规范中规定了各可变荷载的频遇值系数和荷载频遇组合效应设计值的计算公式，但在现行的建筑结构设计规范中均未在正常使用极限状态验算中有相关内容的规定。估计今后对此问题进行深入研究后，我国的建筑结构规范也会采用荷载频遇组合的设计概念。然而我国的《公路钢筋混凝土及预应力混凝土桥涵设计规范》JTG 62—2004 已规定采用作用频遇组合效应设计值验算预应力混凝土梁的抗裂性，在我国工程界开创了先例。

3.3 例题

【例题 3-1】 某设计使用年限为 100 年现浇钢筋混凝土房屋的楼板，该楼板按单跨单向简支设计，计算跨度 L_0 为 7.8m，按设计基准期 50 年确定的楼板上作用的荷载：永久荷载（包括楼板、楼面装修面层、吊顶自重）标准值为 7.5kN/m²，楼面均布活荷载标准值为 3kN/m²，组合值系数 ψ_c 为 0.7，结构重要性系数为 1.1。试确定该楼板跨中正截面受弯承载力计算时，最不利的荷载基本组合弯矩设计值 M_d。

【解】 取 1m 宽板带计算，楼板跨中正截面弯矩设计值应考虑以下两种组合，并选出最不利荷载组合的弯矩设计值。

组合 1：由可变荷载控制的弯矩设计值 $\gamma_0 M_d$ 应按公式（3.2.1-2）计算，取 $\gamma_G = 1.2$、$\gamma_Q = 1.4$，并按表 3.1.1-1 取考虑楼面活荷载当设计使用年限为 100 年时的调整系数 γ_L 为 1.1。

$$\gamma_0 M_d = \gamma_0 (\gamma_G M_{Gk} + \gamma_Q \gamma_L M_{Qk})$$
$$= 1.1 \times (1.2 \times 7.5 \times 7.8^2/8 + 1.4 \times 1.1 \times 3 \times 7.8^2/8)$$
$$= 113.9 \text{kN} \cdot \text{m/m}$$

组合 2：由永久荷载控制的弯矩设计值 $\gamma_0 M_d$ 应按公式（3.2.1-3）计算，取 $\gamma_G = 1.35$ 及 $\gamma_Q = 1.4$，并按表 3.1.1-1 取考虑楼面活荷载当设计使用年限为 100 年时的调整系数 γ_L 为 1.1，已知其组合系数为 0.7。

$$\gamma_0 M_d = \gamma_0 (\gamma_G M_{Gk} + \gamma_Q \gamma_L \psi_c M_{Qk})$$
$$= 1.1 \times (1.35 \times 7.5 \times 7.8^2/8 + 1.4 \times 1.1 \times 0.7 \times 3 \times 7.8^2/8)$$
$$= 111.8 \text{kN} \cdot \text{m/m}$$

比较组合 1 及组合 2 可知，组合 1 的 $\gamma_0 M_d = 113.9 \text{kN} \cdot \text{m/m}$ 为该楼板跨中正截面承载力计算时，最不利荷载组合的弯矩设计值。

【例题 3-2】 某设计使用年限为 50 年的工业建筑，其现浇钢筋混凝土单跨简支楼板计算跨度 $L_0 = 7.5$m，作用在楼板上的荷载：均布永久荷载标准值为 7kN/m²；等效均布活荷载标准值为 5kN/m²，组合值系数 ψ_c 为 0.9；结构重要性系数 $\gamma_c = 1.0$，试确定该楼板跨中截面受弯承载力计算时，最不利的荷载基本组合弯矩设计值 M_d。

【解】 取 1m 宽板带计算 M_d，应考虑两种组合情况：

1）组合 1：由可变荷载控制时，按公式（3.2.1-2）计算，并注意可变荷载的荷载分项系数应取 1.3。

$$M_d = 1.2 \times 7 \times 7.5^2/8 + 1.3 \times 5 \times 7.5^2/8 = 104.8 \text{kN} \cdot \text{m}$$

2）组合 2：有永久荷载控制时，按公式（3.2.1-3）计算

$$M_d = 1.35 \times 7 \times 7.5^2/8 + 0.9 \times 1.3 \times 5 \times 7.5^2/8 = 107.6 \text{kN} \cdot \text{m}$$

因此该楼板跨中正截面受弯承载力计算时最不利的荷载基本组合弯矩设计值应采用 $M_d = 107.6 \text{kN} \cdot \text{m}$。

【例题 3-3】 某设计使用年限为 50 年，计算跨度 L_0 为 6.6m 的简支钢筋混凝土楼面梁，梁上作用的荷载：均布永久荷载（包括梁、楼板、楼面装修面层、吊顶自重）标准值 20kN/m；楼面均布活荷载标准值 8kN/m，其准永久系数 ψ_q 为 0.7。试确定该楼面梁在正

常使用极限状态设计进行跨中正截面裂缝宽度验算时，荷载准永久组合的弯矩设计值 M_d。（注：根据现行国家标准《混凝土结构设计规范》GB 50010—2010，对钢筋混凝土受弯构件进行裂缝宽度验算时，应采用荷载准永久组合的规定。）

【解】 该楼面梁在正常使用极限状态设计进行跨中正截面裂缝宽度验算时，荷载准永久组合的弯矩设计值 M_d 应按公式（3.2.2-4）确定。

$$M_d = (G_k + \psi_q q_k) L_0^2/8 = (20 + 0.7 \times 8) \times 6.6^2/8 = 139.4 \text{kN} \cdot \text{m}$$

【例题 3-4】 某设计使用年限为 50 年、上人屋面的预应力混凝土屋面梁，该梁按一级控制裂缝等级设计，梁上作用的荷载标准值：均布永久荷载（包括屋盖结构构件自重、屋面建筑做法自重、吊顶及悬挂管线自重等）24kN/m；屋面均布活荷载 12kN/m；屋面均布雪荷载 2.4kN/m。活荷载的组合值系数 ψ_c 均为 0.7。梁的计算跨度 L_0 为 18m。试确定该梁对跨中正截面进行正常使用极限状态裂缝控制验算时的荷载标准组合弯矩设计值 M_d。

【解】 根据《建筑结构荷载规范》GB 50009—2012 规定，该梁上作用的可变荷载应同时组合。由于屋面均布活荷载标准值较大，应作为主导活荷载。M_d 应按公式（3.2.2-2）计算：

$$M_d = (G_k + Q_{1k} + \psi_c Q_{2k}) L_0^2/8 = (24 + 12 + 0.7 \times 2.4) \times 18^2/8 = 1526 \text{kN} \cdot \text{m}$$

第4章 永 久 荷 载

4.1 建筑结构构件上承受的永久荷载标准值的确定

建筑结构构件上承受的永久荷载应包括结构构件、围护构件、建筑面层及装饰、固定设备、长期储物自重、土压力、预应力、水压力以及其他需要按永久荷载考虑的荷载等。其荷载标准值应根据该荷载的特性确定。

4.1.1 结构构件、围护构件、建筑面层及装饰的自重标准值

可按结构构件、围护构件、建筑面层及装饰的设计尺寸与材料单位体积的自重计算确定。对一般材料和构件的单位自重可取其平均值。常用材料和构件单位体积的自重可查阅现行荷载规范附录 A。对自重变异较大的材料和构件应根据对结构的不利和有利状态，分别取上限值和下限值。

隔墙是建筑中常见的一种围护用非结构构件。对有确切固定位置的隔墙，其作用在支承结构上的荷载标准值可按上述原则按永久荷载考虑。但对位置可灵活布置的隔墙，为便于设计现行荷载规范规定隔墙自重标准值应取不小于 1/3 的每延米墙重（kN/m）作为楼面活荷载标准值的附加值（kN/m²）计入，且附加值不应小于 1.0kN/m²。

4.1.2 土压力标准值

工业及民用建筑中的地下室外墙、地沟侧壁和挡土墙等结构构件均承受土壤的侧压力（简称土压力）。根据挡土结构构件所处平衡状态的不同，其所承受的土压力情况也各异，一般分静止、主动和被动三种情况：当土体内剪应力低于其抗剪切强度，在土压力作用下的挡土结构构件处于无任何位移或转动的弹性平衡状态时，取静止土压力；当结构构件沿土压力方向开始位移或转动而处于极限平衡状态时，取主动土压力；当结构构件沿土压力相反方向开始位移或转动而处于极限平衡状态时，取被动土压力。挡土结构构件的土压力主要取决于填土的性质、结构构件与土体接触面的坡度和粗糙度、地面坡度和地面荷载，以及填土内地下水等因素。由于缺乏足够数量的观测资料和大规模的试验研究，目前尚无法统一规定不同平衡状态土压力计算公式，设计人员只能在设计中根据具体工程选用相应的现行设计规范如《建筑地基基础设计规范》GB 50007—2011、《建筑基坑支护技术规程》JGJ 120—2012、《建筑边坡工程技术规范》GB/T 50330—2013 等规范的有关规定确定土压力的标准值。

4.1.3 预应力标准值

在工程结构中经常利用对结构构件施加预应力的措施获得节约材料、提高结构构件的

刚度、承载力、抗裂能力（仅对混凝土和砌体结构而言）等效果。在《工程结构可靠性设计统一标准》GB 50153—2008 中考虑到预加应力的受力特性，将其作为一种通用的永久荷载（作用），因而在承载能力极限状态设计时基本组合的效应设计值 S_d 中单独列出由预应力作用的有关代表值 P 产生的效应及预应力荷载分项系数 γ_p，其中 γ_p 根据各类工程结构的不同由相应设计规范规定（如《混凝土结构设计规范》GB 50010—2010、《公路钢筋混凝土及预应力混凝土桥涵设计规范》JGJ D62—2004、《铁路桥涵钢筋混凝土和预应力混凝土结构设计规范》TB 10002.3—2005 等）。由于目前房屋建筑工程中采用预应力技术相对较少，因而《建筑结构荷载规范》GB 50009—2010 根据行业以往的设计习惯，未将预应力设计效应在承载力极限状态荷载效应基本组合设计值 S_d 中单独列入，而是在涉及预应力的专门设计规范中加以规定。例如《混凝土结构设计规范》GB 50010—2010 在计算有粘结后张预应力混凝土构件锚固区局部受压承载力时，由预加应力产生的压力设计值，其预应力标准值取预应力筋的张拉控制力，并将其视为一种永久荷载（其荷载分项系数为 1.2）作用于构件上。必须指出该规范有时也会在某些承载力计算公式中将预应力视为结构构件承载力组成的一部分，其原因是为了便于设计计算。但是《预应力钢结构技术规程》CECS 212：2006 已率先采用将预应力作为荷载［详见该规程第 3.2.1 条公式 (3.2.1)］，在承载力计算的荷载效应基本组合设计值 S_d 时考虑了预应力的永久荷载效应。

4.1.4　水压力标准值

现行荷载规范第 3.1.1 条条文说明对水压力有如下解释："对水位不变的水压力可按永久荷载考虑，而水位变化的水压力应按可变荷载考虑。"对此说法中的"水位不变"和"水位变化"应如何正确理解是常遇到的疑问。因而有必要根据设计经验和其他有关规范的规定提供答案。在房屋建筑结构中常见的储水结构有各类水池及水塔等，其内部盛水对结构产生的水压力多年来设计经验是将其视为永久荷载，《给水排水工程构筑物结构设计规范》GB 50069—2002 也明确规定此类水压力为永久荷载，其标准值应按设计水位的静水压力计算。此外该规范对地下水、地表水产生的水压力（侧压力、浮托力）、流水产生的水压力则明确应将其视为可变荷载。总之水压力是否作为永久荷载考虑应根据相关设计规范和实际工程设计经验确定。

4.1.5　固定设备及长期储物自重标准值

固定设备自重标准值一般情况应根据生产厂家的技术资料确定；长期储物自重标准值应根据储物的类别及其单位体积的自重确定。

4.2　永久荷载补充资料

以下补充一些未列入《建筑结构荷载规范》GB 50009—2012 附录 A 的永久荷载，但它们已列入其他行业规范中，现摘录如下以便设计应用。

4.2.1　轻骨料混凝土及配筋轻骨料混凝土的自重（密度）标准值

见表 4.2.1。

轻骨料混凝土及配筋轻骨料混凝土的密度标准值 表 4.2.1

密度等级	轻骨料混凝土干密度的 变化范围（kg/m³）	密度标准值（kg/m³）	
		轻骨料混凝土	配筋轻骨料混凝土
1200	1160～1250	1250	1350
1300	1260～1350	1350	1450
1400	1360～1450	1450	1550
1500	1460～1550	1550	1650
1600	1560～1650	1650	1750
1700	1660～1750	1750	1850
1800	1760～1850	1850	1950
1900	1860～1950	1950	2050

注：1. 配筋轻骨料混凝土的密度标准值，也可根据实际配筋情况确定；

  2. 对蒸养后即行起吊的预制构件，吊装验算时，其密度标准值应增加 100kg/m³；

  3. 表 4.2.1 的数据系根据《轻骨料混凝土技术规程》JGJ 51—2002 的规定。

4.2.2　蒸压加气混凝土砌体及配筋构件的自重标准值

根据《蒸压加气混凝土建筑应用技术规程》JGJ/T 17—2008 规定：蒸压加气混凝土用作围护结构时，加气混凝土材料的标准干密度可分为 300kg/m³、400kg/m³、500kg/m³、600kg/m³、700kg/m³ 五个级别。但在确定加气混凝土砌体及配筋自重标准值时，应考虑含水量和砌筑砂浆、配筋等不同因素的影响，可按材料体积与增大 1.4 倍的加气混凝土标准干密度的乘积计算。

4.2.3　混凝土小型空心砌块建筑的砌体结构自重标准值

根据《混凝土小型空心砌块建筑技术规程》JGJ/T 14—2011 规定：小砌块砌体应按小砌块孔洞率并考虑在墙体中增加的构造措施的重量计算墙体自重标准值。灌孔砌体应按实际灌孔后的砌体重量计算墙体自重标准值。

由于混凝土小型砌块可分为普通混凝土小型空心砌块及轻骨料混凝土小型空心砌块两大类，各自砌块中又有单排孔、双排孔、多排孔等类型，各厂家生产的砌块孔洞率不尽相同；实际工程中采用小型混凝土砌块砌体承重的房屋类别，有少层和多层以及配筋小砌块砌体抗震墙结构、高层建筑；墙体类别有围护墙、承重墙、夹心保温砌块墙等，因而小型砌块砌体墙应按小砌块实际的孔洞率并应考虑在墙体中增加的构造措施的重量计算墙体自重标准值。灌孔砌体应按实际灌孔后的砌体重量计算墙体自重标准值。为便于设计，根据北京地区的设计经验，对普通混凝土小型砌块承重砌体住宅建筑的墙体自重标准值（已考虑灌孔混凝土率的影响），对少层房屋可取 13kN/m³；对多层房屋可取 17～18kN/m³；对配筋小砌块砌体抗震墙结构高层住宅可取 20～25kN/m³。

此外，对钢筋混凝土结构（如框架、剪力墙、框架-剪力墙、筒体结构等）的填充墙，当采用混凝土小型空心砌块砌筑时，其墙体自重标准值可参考表 4.2.3 取值。

混凝土小型空心砌块填充墙自重标准值参考表　　　　　　　　表 4.2.3

砌块填充墙种类	填充墙自重（kN/m²）	砌块填充墙种类	填充墙自重（kN/m²）
310mm 厚保温砌块墙	2.7～3.1	240mm 厚三排以上孔保温砌块墙	2.5～3.0
290mm 厚三排孔保温砌块墙	3.0～3.6	190mm 厚双排孔砌块墙	2.0～2.3
240mm 厚三排孔保温砌块墙	2.5～3.0	190mm 厚单排孔砌块墙	2.0～2.3
290mm 厚 Z 形保温砌块墙	3.0～3.6	140mm 厚单排孔砌块墙	1.5～1.7
240mm 厚 Z 形保温砌块墙	2.5～3.0	90mm 厚单排孔砌块墙	1.0～1.2
240mm 厚双排保温砌块墙	2.5～3.0	砌块夹心墙	3.0～3.9

注：1. 表中砌块填充墙的截面外形见国家建筑标准设计图集《框架结构填充小型空心砌块结构构造》14SG614
（送审稿）。

2. 表中墙体自重未考虑双面抹灰层及装饰层的自重。

第5章 楼面和屋面活荷载

5.1 民用建筑楼面均布活荷载

5.1.1 楼面均布活荷载标准值确定

20 世纪 50 年代，我国在《荷载暂行规范》（规结 1-58）中，民用建筑楼面活荷载标准值的取值是参照当时的苏联荷载规范并结合我国的具体情况，按经验判断的方法确定。随后在《工业与民用建筑结构荷载规范》TJ 9—74 编制时，曾对住宅和办公室的楼面活荷载进行了调查和测定。其范围为 4 个城市（北京、成都、兰州和广州）606 间住宅和三个城市（北京、兰州和广州）258 间办公室的实际活荷载，并按简支楼板跨内最大弯矩等效的原则，将实际活荷载换算为等效楼面均布活荷载，经统计计算得出住宅和办公室楼面活荷载的平均值分别为 $1.051kN/m^2$ 和 $1.402kN/m^2$，标准差分别为 $0.23kN/m^2$ 和 $0.219kN/m^2$（此统计计算未考虑楼面活荷载随时间和空间变异性的影响），若按平均值加两倍标准差定义标准荷载，则住宅和办公室的楼面均布活荷载标准值分别为 $1.51kN/m^2$ 和 $1.84kN/m^2$。在"规结 1-58"规范中对办公室允许按不同情况取楼面活荷载 $1.5kN/m^2$ 或 $2kN/m^2$ 进行设计，但较多单位根据当时的工程经验取 $1.5kN/m^2$，只在对兼作会议室的办公室取 $2.0kN/m^2$。此外当时对其他用途的民用建筑楼面活荷载由于缺乏足够调查数据，因而 TJ 9—74 规范只能根据当时的设计经验考虑在"规结 1-58"的基础上适当调整后确定其楼面均布活荷载标准值。

在编制《建筑结构统一设计标准》GBJ 68—84 时，根据该标准对活荷载标准值的定义，重新对我国住宅、办公楼、商店的楼面活荷载又作了调查和统计，并考虑活荷载随空间和时间的变异性，采用了适当的概率统计模型。当时曾对 25 个城市实测了 133 栋办公楼共 2201 间办公室，总面积为 63700 m^2，同时调查了 317 栋用户的搬迁情况；对 10 个城市的住宅实测了 556 间用房，总面积为 7000m^2，同时调查了 229 户的搬迁情况；对 10 个城市实测了 21 家百货商店共 214 个柜台，总面积为 23700m^2。以上调查结果为 GBJ 9—87 规范的民用建筑楼面活荷载，按概率统计方法确定其标准值奠定了基础。在建立概率统计模型时，为简化统计工作，采用按房间面积平均其活荷载代替以往 TJ 9—74 规范的等效均布活荷载方法，此方法未考虑楼面活荷载的空间随机变化。这种简化虽然在理论上不够严格却很方便，但对结果估计不会有严重影响。统计时楼面活荷载按其随时间变异的特点，将其分为持久性和临时性两部分。持久性活荷载是指楼面上在某个时段内基本保持不变的荷载，例如住宅内的家具、物品以及常在房间内活动的人员自重等。这些荷载除发生搬迁外一般变化不大。临时性活荷载是指楼面上偶尔出现的短期荷载，例如聚会的人群、室内扫除时家具的集聚等。将房间内每平方米面积上的持久性活荷载 L_i 和临时性活

荷载 $L_{\tau s}$ 作为统计参数；取使用时间的平均值 τ 为 10 年，作为持久性活荷载持续不变化的时段和临时性活荷载时段最大值所在时段（即在设计基准期 50 年内变动数为 5 次）。根据对 L_i 和 $L_{\tau s}$ 的统计值分布进行概率模型选用检验，认为选用极值 I 型分布能较好反映楼面活荷载变化的实际情况。在对统计结果分析时，取设计基准期 50 年最大总活荷载 L_T 为持久性的活荷载 50 年内最大值 L_{iT} 与相应时段内的临时性活荷载随机变量 $L_{\tau s}$ 之组合值（即 $L_T = L_{iT} + L_{\tau s}$）或临时性活荷载 50 年内最大值 $L_{\tau T}$ 与相应时段内的持久性活荷载 L_i 的组合值（即 $L_T = L_i + L_{\tau T}$）。而楼面活荷载标准值则取 L_T 值分布的某一个分位值。

表 5.1.1 即为当时对三种类型房屋楼面活荷载的统计分析结果，其中 L_k 为 GBJ 9—87 规范对上述三种活荷载标准值的规定取值。

部分城市民用建筑楼面活荷载统计分析点　　　　　　　　表 5.1.1

活荷载统计　＼　建筑类别	办公室			住宅			商店		
	μ	σ	τ	μ	σ	τ	μ	σ	τ
持久性活荷载 L_i	0.386	0.178	10 年	0.504	0.162	10 年	0.580	0.351	10 年
临时性活荷载 $L_{\tau s}$	0.355	0.244		0.468	0.252		0.955	0.428	
基准期 50 年内最大持久性活荷载 L_{iT}	0.610	0.178		0.707	0.162		4.650	0.351	
基准期 50 年内最大临时性活荷载 $L_{\tau T}$	0.661	0.244		0.784	0.252		2.261	0.428	
基准期 50 年内最大总活荷载 L_T	1.047	0.302		1.288	0.300		2.841	0.553	
活荷载标准值取值 L_k　α　p (%)	1.5 1.5 92.1			1.5 0.7 79.1			3.5 1.2 88.5		

注：1. 表中活荷载以单位楼面面积"kN/ m²"计，μ 为其平均值，σ 为其标准差，τ 为荷载统计时段；

　　2. 表中 L_k 为 GBJ 9—87 的楼面活荷载取值，$L_k = L_T + \alpha\sigma_{LT}$，其中 α 为保证率系数；σ_{LT} 为标准差；p 为与 α 对应的保证率。

由表 5.1.1 可见 GBJ 9—87 规范规定的办公室楼面活荷载标准值 L_k 取 1.5kN/m²，其值相当于当时统计所得楼面活荷载平均值加 1.5 倍标准差，按活荷载概率分布为极值 I 型计算其保证率相当于 92.1%，也即办公室活荷载标准值取概率分布的 92.1% 分位值。而住宅及商店楼面活荷载标准值取值的保证率分别为 79.1% 及 88.5% 或保证率系数分别为 0.7 及 1.2，比办公室相应值均低。

在编制 GB 50009—2001 规范时，考虑到建筑工程中大量的住宅和办公楼，其楼面活荷载标准值的规定取值与国外规范相比偏低的情况，以及当时我国建筑工程界及学术界已取得应适当提高结构安全度的共识，因而 GB 50009—2001 规范的楼面均布活荷载标准值的最小值规定为 2.0kN/m²，比以往的荷载规范规定取值有了提高。现行荷载规范也沿用此取值规定。

对藏书库和档案库的楼面均布活荷载标准值根据 20 世纪 70 年代初期的调查，其荷载一般为 3.5kN/m² 左右，个别超过 4kN/m²，甚至可达 5.5kN/m²（按书架高 2.3m，净距

0.6m，放7层精装书籍估算）。GBJ 9—87 规范编制时参照国际标准化组织 1986 年颁布的《居住和公共建筑的使用荷载》ISO 2013 的规定采用 5kN/m²，并在表注中规定当书架高度大于 2m 时藏书库活荷载标准值尚应按书架每米高度不少于 2.5kN/m² 确定。对于采用密集柜的无过道书库则规定其活荷载标准值为 12kN/m²。其他类别房屋的楼面活荷载，由于缺乏系统的统计资料，仍按以往的设计经验，并参考国际标准加以确定。而 GB 50009—2001 及现行荷载规范均沿用其规定。

关于民用建筑楼面活荷载标准值，现行荷载规范第 5.1.1 条规定除按房屋类别选用不应小于规范表 5.1.1 中的规定值外，当使用情况特殊或有专门要求时、使用荷载较大以及规范表 5.1.1 未给出的楼面活荷载标准值时应按实际情况取值。为便于设计，现行荷载规范在第 5.1.1 条条文说明中指出，对规范表 5.1.1 没有列出的项目可对照下列类别及档次选用，但当有特别重的设备时应另行考虑。对民用建筑楼面活荷载可根据在楼面上活动的人和设施的不同状况，粗略地将其标准值分成七个档次：

1) 活动的人很少，$L_k = 2.0kN/m^2$；
2) 活动的人较多且有设备，$L_k = 2.5kN/m^2$；
3) 活动的人很多且有较重的设备，$L_k = 3.0kN/m^2$；
4) 活动的人很集中、有时很挤或有较重的设备，$L_k = 3.5kN/m^2$；
5) 活动的性质比较剧烈，$L_k = 4.0kN/m^2$；
6) 储存物品的仓库，$L_k = 5.0kN/m^2$；
7) 有大型的机械设备，$L_k = (6 \sim 7.5) kN/m^2$。

作为办公楼的楼面活荷载还应考虑会议室、档案室和资料室的不同使用要求分别按现行荷载规范表 5.1.1 的规定进行活荷载取值。

应该指出现行荷载规范表 5.1.1 中规定民用楼面均布活荷载的标准值（包括其组合值系数、频遇值系数和准永久值系数）的取值是设计中规定的最小值，且为强制性条文，结构设计人员必须遵守。

此外为便于设计方便，本书在附录中收集到部分行业规范及参考资料中对某些行业用房的楼面均布活荷载标准值及其组合值系数、准永久值系数等内容，供设计人员参考。

5.1.2 现行荷载规范表 5.1.1 对一些房屋的楼面活荷载标准值的修订

1) 提高教室活荷载标准值

目前教室中的设备除传统的课桌椅、讲台外，现代教学设备如计算机、投影仪、音响设备、控制柜等显著增加，各教学班的学生人数可能出现超员情况也时有发生。因而教室楼面活荷载标准值取值与以往相比有了增大，为此现行荷载规范将教室活荷载标准值的最小取值由 2.0kN/m² 提高至 2.5kN/m²。但组合值系数、频遇值系数、准永久值系数仍沿用原规范的规定。此外，对阶梯教室的活荷载标准值，本书作者建议宜根据工程实际情况另行考虑适当增大其取值。

2) 增加运动场的活荷载标准值

原荷载规范中未规定体育馆中运动场的楼面活荷载标准值，由于运动场除举办各种预计运动项目的比赛外，还可能举办比赛开闭幕式、大型集会等密集人群的活动；此外尚应考虑跑步、跳跃等冲击力的影响。为此现行荷载规范增加了体育馆中运动场楼面活荷载标准值的取值 4.0kN/m² 及其组合值系数、频遇值系数、准永久值系数分别为 0.7、0.6、0.3 的规定。

3）现行荷载规范表 5.1.1 中项次 8（汽车通道及客车停车库）的修改内容

①明确该项次规定中的汽车库活荷载不适用于停放消防车或货车情况，因此将原荷载规范的"汽车通道及停车库"修改为"汽车通道及客车停车库"。

②增加板跨不小于 3m×3m 的双向板楼盖汽车通道及客车停车库活荷载标准值；客车为 4.0kN/m²，消防车为 35kN/m²。根据研究与大量试算后，并在现行荷载规范表 5.1.1 的注 4 中明确规定对板跨在 3m×3m～6m×6m 之间的双向板楼盖，应按跨度线性插值方法确定客车或消防车活荷载标准值；此外对楼盖上有覆土的消防车活荷载在现行荷载规范附录 B 中明确规定：当考虑覆土厚度对楼面上的消防车活荷载的影响时，可对楼面消防车活荷载标准值进行折减，并给出不同折算覆土厚度及楼板跨度，单向板楼盖和双向板楼盖楼面消防车活荷载的折减系数见表 5.1.2-1 及表 5.1.2-2。

单向板楼盖楼面消防车活荷载折减系数　　　　　　　　　　　　表 5.1.2-1

折算覆土厚度	楼板跨度（m）		
$\bar{s}$（m）	2	3	4
0	1.00	1.00	1.00
0.5	0.94	0.94	0.94
1.0	0.88	0.88	0.88
1.5	0.82	0.80	0.81
2.0	0.70	0.70	0.71
2.5	0.56	0.60	0.62
3.0	0.46	0.51	0.54

双向板楼盖楼面消防车活荷载折减系数　　　　　　　　　　　　表 5.1.2-2

折算覆土厚度	楼板跨度（m）			
$\bar{s}$（m）	3×3	4×4	5×5	6×6
0	1.00	1.00	1.00	1.00
0.5	0.95	0.96	0.99	1.00
1.0	0.88	0.93	0.98	1.00
1.5	0.79	0.83	0.93	1.00
2.0	0.67	0.72	0.81	0.92
2.5	0.57	0.62	0.70	0.81
3.0	0.48	0.54	0.61	0.71

板顶折算覆土厚度 $\bar{s}$ 按下式计算：

$$\bar{s} = 1.43s\tan\theta \qquad (5.1.2)$$

式中　s ——覆土厚度（m）；

θ ——覆土应力扩散角，不大于 45°。

4）提高浴室、卫生间的活荷载标准值

随着我国国民经济的不断发展，人民生活水平逐年提高，近年来在浴室、卫生间中安装和增设浴缸、卫生洁器设备的情况越来越普遍，因而和以往相比增大了楼面活荷载标准值，为此现行荷载规范将浴室和卫生间的楼面活荷载标准值统一取 2.5kN/m²，不再按不同类别民用建筑分别取值。应该指出，安装有特殊卫浴设备的浴室和厕所，在设计时应根据设备实际情况确定其楼面等效均布活荷载，或可取活荷载标准值为 3.5～4.0kN/m²，并应在设计图中注明。此外尚应在设计中注意到浴室、卫生间常常由于使用中的排水要求其楼面承重结构板顶面的标高比其他同楼层其他房间的楼板顶面低（通常称为降板），并有较多或较重的楼面建筑做法，因而应根据楼板的实际构造确定其永久荷载，以保证使用安全。

5）单独规定楼梯活荷载标准值

原荷载规范在表 5.1.1 中将走廊、门厅、楼梯合并为项次 11 并按不同用途房屋类别规定其活荷载标准值。现行荷载规范考虑到在地震或其他安全事故发生时，楼梯对于人员疏散与逃生的安全性具有重要意义，为保证使用安全，因此将楼梯活荷载标准值单独规定为：除使用人数较少的多层住宅楼梯活荷载标准值取值为 2.0kN/m² 外，其他楼梯（如学校、医院、高层住宅等可能出现密集人流的楼梯）活荷载标准值取值均改为 3.5kN/m²。对多层住宅楼梯及其他楼梯活荷载的组合值系数规定为 0.7；频遇值系数规定为 0.5；准永久值系数对多层住宅楼梯取 0.4，对其他楼梯取 0.3。对工业建筑的楼梯活荷载标准值取值另见本书第 5.5 节。

5.1.3 楼面活荷载标准值折减

作用在楼面上的活荷载并不是以现行荷载规范规定的标准值同时布满在全部的楼面面积上。因此，在设计梁、墙、柱和基础时，应考虑实际荷载在楼面上分布的变异情况。根据我国的楼面活荷载随空间变异性和时间变异性的研究成果表明，随所考虑的结构部位不同，其效应的影响面积也不相同，其对应的等效均布活荷载的均值虽然不变，但其标准差将随影响面积的增大而缩小，因而在确定梁、墙、柱和基础的实际荷载标准值时，应将楼面活荷载标准值乘以折减系数后采用。

关于折减系数的确定实际上是比较复杂的问题，目前尚无成熟的概率统计模型可解决实际工程设计问题。多数国外荷载规范（美国除外）及我国的荷载规范均按传统方法，通过从属面积来考虑楼面活荷载的折减系数。对支承单向楼板的楼面梁，其从属面积为梁两侧各延伸二分之一的梁间距范围内的实际面积；对于支承双向板的刚度较大楼面梁，其从属面积为由板底面的剪力为零线围成的荷载面积。对于少层房屋支承楼面梁的柱，其从属面积为所支承的楼面梁全部从属面积总和；对于多层房屋的柱，其从属面积为计算截面以上该柱支承的各楼层楼面梁的从属面积总和。

现行荷载规范参考 ISO2103 标准对不同类型房屋（如住宅、办公楼、公共建筑等）的楼面梁、柱、墙和基础的楼面活荷载标准值折减系数计算公式，根据我国的工程设计经验，作了一些合理的简化，使折减系数便于设计应用，又不明显影响经济效果。现行荷载规范规定：

1）规范表 5.1.1 中项次 1（1）中住宅、宿舍、旅馆、办公楼、医院病房、托儿所、

幼儿园，当设计楼面梁时，其从属面积超过 25m² 时，应对其活荷载标准值乘以折减系数
0.9；当设计墙、柱和基础时，楼面活荷载标准值按楼层数乘以表 5.1.3 中的折减系数。

活荷载标准值按楼层的折减系数　　　　　　　　　　　　　　　　　　表 5.1.3

墙、柱、基础设计截面以上的楼层数	1	2～3	4～5	6～8	9～20	>20
计算截面以上各楼层活荷载标准值总和的折减系数	1.00 (0.90)	0.85	0.70	0.65	0.60	0.55

注：当楼面梁的从属面积超过 25m² 时，应采用括号内的系数。

2）设计楼面梁时，对规范表 5.1.1 项次 1（2）～项次 7 中的类别房屋，当楼面梁从属面积超过 50m² 时折减系数应取 0.9；表 5.1.1 项次 8 中汽车通道及客车停车库，对单向板楼盖的次梁和槽形板的纵肋折减系数应取 0.8，对单向板楼盖的主梁应取 0.6，对双向板楼盖的梁应取 0.8；对规范表 5.1.1 项次 9～13 中各类别应采用与所属房屋类别相同的折减系数。本书作者建议对表 5.1.1 项次 8（汽车通道及客车停车库）中楼面梁，在设计时除考虑上述折减系数的取值规定外，尚应考虑客车或消防车轮压可能直接作用在楼面梁上的不利情况。

3）对规范表 5.1.1 中项 8 次的消防车活荷载，在设计墙、柱时由于消防车荷载标准值较大，但出现概率小，作用时间短，因此可按实际情况考虑折减系数，并应容许作较大的折减（由设计人员根据经验确定），但在设计基础时可不考虑消防车活荷载。

必须指出，上述关于折减系数的有关规定，在现行荷载规范中属强制性条文，是设计时必须遵守的最低要求。此外，结构设计人员尚需注意到表 5.1.3 的适用范围仅为规范表 5.1.1 项次 1（1）中的各类房屋。

5.2　栏杆活荷载标准值修改

现行荷载规范考虑到楼梯、看台、阳台和上人屋面等的栏杆在紧急情况下对人身安全保护的重要作用，因此将住宅、宿舍、办公楼、旅馆、医院、托儿所、幼儿园等的栏杆顶部水平荷载标准值的取值从 0.5kN/m 提高至不应小于 1.0kN/m。对学校、食堂、剧场、电影院、车站、礼堂、展览馆或体育场等人群可能密集的栏杆，除规定顶部水平荷载标准值取值不应小于 1.0kN/m 外，还增加规定竖向荷载标准值取值不应小于 1.2kN/m，但水平荷载与竖向荷载应分别考虑。以上这些修改将提高栏杆构件及连接的安全度，对人员的安全保护起到较好效果。此外现行荷载规范还明确栏杆活荷载的组合值系数应取 0.7、频遇值系数应取 0.5、准永久值系数应取 0。

5.3　施工及检修荷载修改

原荷载规范中对施工及检修荷载虽然以强制性条文进行规定，但未明确规定荷载代表值的性质是标准值，也未给出相应的组合值系数、频遇值及准永值系数，此外对雨篷的类型也未予以明确。现行荷载规范对以上不足之处均进行了修改，即明确条文中规定的施工及检修荷载为标准值；其组合值系数应取 0.7，频遇值系数应取 0.5，准永久值系数应取

0；条文中的雨篷专指悬挑雨篷。

关于施工及检修荷载是否与屋面活荷载、雪荷载同时参与组合问题，在荷载规范中尚无明确规定。因而在我国工程界存在不同看法，例如《钢结构设计手册》[31]在计算钢檩条承载力时，规定施工及检修荷载不应与屋面均布活荷载或雪荷载同时参与组合；但也有的设计人员在设计中考虑了同时参与组合问题。本书作者认为是否同时参与组合问题应从两方面考虑，一是应考虑这些荷载是否有可能同时出现在所设计的构件上，若有同时出现的可能性时，则应在效应组合中予以同时考虑，因而以钢檩条为例，应考虑检修荷载与屋面活荷载或雪荷载同时参与组合；二是应根据工程实践经验确定，因而《钢结构设计手册》的上述计算规定也应予以尊重。但本书作者建议在设计檩条时宜考虑检修荷载与屋面活荷载或雪荷载同时参与组合，以保证檩条使用安全。

5.4 屋面活荷载标准值修改和补充

1）随着我国经济和城市建设的发展，人们物质文化生活水平不断提高，日益重视体育锻炼和身体健康，但受到土地资源的限制，近年来许多平屋顶房屋的屋面被利用作为运动场。原荷载规范对此类活荷载未予规定，因而现行荷载规范予以补充，并在第5.3.1条的屋面均布活荷载标准值表5.3.1中明确规定屋顶运动场地活荷载标准值应取 3.0kN/m^2，但在该条的条文说明中又说"本次修订中新增屋顶运动场活荷载的内容，参照体育馆的运动场，屋顶运动场地的活荷载值为 4.0kN/m^2。"表明荷载规范对此问题的内容前后矛盾。对此本书作者认为屋顶运动场活荷载 3.0kN/m^2 是设计必须遵守的最小活荷载取值，但尚应根据工程的实际情况判断，该屋顶运动场使用情况是否有可能类同于体育馆的运动场，若是则应提高屋顶运动场活荷载取值至 4.0kN/m^2，否则可取其活荷载不小于 3.0kN/m^2。此外尚可根据预期的使用情况进行设计取值（但不应小于 3.0kN/m^2）。现行荷载规范在表5.3.1还根据屋顶运动场地活荷载的特性规定其组合值系数、频遇值系数、准永久值系数的取值分别为 0.7、0.6、0.4。

2）现行荷载规范表5.3.1注1中保留了原荷载规范对不同类型结构的不上人屋面活荷载标准值应按有关设计规范的规定采用，但将原荷载规范规定的"将标准值作 0.2kN/m^2 的增减"修改为"但不得低于 0.3kN/m^2"。因而此项修改比以往更加明确和便于设计应用。

3）现行荷载规范还在5.3.3条中明确不上人的屋面均布活荷载可不与雪荷载和风荷载同时组合。这一修订将不与雪荷载同时组合的规定仅限于不上人屋面均布活荷载，而且将不同时组合的范围扩大至风荷载。修订的原因是原荷载规范对不上人的屋面均布活荷载的规定值作为考虑在使用阶段进行屋面维修时必须的荷载，以及为了减少我国无雪地区或雪荷载较小地区按过低的屋面活荷载进行设计容易发生质量事故的可能性，因而规定了此种荷载最低值；并根据以上原因规定不上人屋面均布活荷载不与雪荷载同时组合。但是原规范将此规定扩大至上人屋面和屋顶花园屋面，降低了此类屋面结构的安全度，不够正确应该修改。此外现行荷载规范还考虑到以往的工程经验，因而规定不上人屋面均布活荷载可不与雪荷载和风荷载同时组合。

5.5 工业建筑楼面活荷载标准值

工业建筑的类别很多，不便规定统一的楼面活荷载标准值。由于技术不断进步，设备和工艺流程更新很快，因而同一类工业建筑的楼面活荷载也在不断地改变。通常在设计多层工业建筑结构时，楼面活荷载的标准值大多由工艺专业人员提供，或由结构设计人员根据设备布置情况和工艺流程资料自行计算确定。在编制 TJ 9—7 规范时，曾对全国有代表性的 70 多个工厂进行实际调查和分析，根据条件成熟情况在附录中列入了金工车间、仪器仪表生产车间、半导体器件车间、小型电子管和白炽灯泡车间、棉纺织车间、轮胎厂准备车间和粮食加工车间等七类工业建筑楼面均布活荷载标准值，供设计参照采用。在编制 GBJ 9—87 规范时，根据国家的技术政策，小型电子管和白炽灯泡车间不再发展和新建，因而其楼面活荷载标准值不再列入荷载规范；根据对金工车间的调查，其楼面荷载标准值与机床设备型号（主要是其重量）有关，因而按机床类别进行楼面活荷载标准值分类。现行荷载规范沿用其规定。

为便于确定某种类型工业建筑的楼面等效均布活荷载标准值，现行荷载规范对钢筋混凝土楼盖结构（板、次梁和主梁）的工业建筑楼面等效均布活荷载标准值（以下简称等效均布活荷载），规定应按以下原则确定：

1）应在板、次梁和主梁的设计控制部位上，根据需要按内力、变形及裂缝等值的要求确定其等效均布活荷载。在一般情况下，可仅按内力的等值方法确定。

2）连续梁、板的等效均布活荷载，可按单跨简支计算，但计算梁、板由等效均布活荷载产生的内力时，仍应按连续考虑。

3）由于生产、检修、安装工艺以及结构布置不同，造成楼面活荷载差别较大时，楼面应划分区域分别确定等效均布活荷载。

4）楼面上（包括工作平台）无设备区域的操作荷载，包括操作人员、一般工具、零星原料和成品自重，可按均布活荷载标准值 2.0kN/m² 考虑。在设备所占区域内可不考虑操作荷载和堆料荷载。生产车间的楼梯活荷载标准值可按实际情况采用，但不宜小于 3.5kN/m²。根据实际工程设计的需要，现行荷载规范新增加规定生产车间的参观走廊活荷载标准值可采用 3.5kN/m²。

5）单向板和悬臂板局部荷载（包括集中荷载）作用下的等效均布活荷载 q_e 可按下列规定计算：

（1）等效均布活荷载可按下式计算：

对简支单向板： $\qquad q_e = 8M_{max}/bL^2 \qquad$ (5.5-1)

对悬臂板： $\qquad q_e = 2M_{max}/bL^2 \qquad$ (5.5-2)

式中 L ——板的跨度；

$\qquad b$ ——板上局部荷载的有效分布宽度[❶]，按本款第（3）项中的情况①～⑤确定；

$\qquad M_{max}$ ——简支单向板或悬臂板的绝对最大弯矩，按设备的最不利布置确定。

（2）计算 M_{max} 时，设备荷载应乘以动力系数，并扣除设备在该板跨内所占面积上由

---

❶ 有效分布宽度 b 是当局部荷载由等效均布荷载替代时的简支单向板或悬臂板等效宽度。

操作荷载引起的弯矩。

（3）单向板和悬臂板上局部荷载的有效分布宽度 b，根据局部荷载面积长宽比的不同和在板上所处位置的不同，可分为五种局部荷载情况确定相应的有效分布宽度。

① 对简支单向板，当局部荷载作用面的长边平行于板跨时，板上局部荷载的有效分布宽度 b 为（图 5.5-1）：

A）当 $b_{cx} \geqslant b_{cy}$，$b_{cy} \leqslant 0.6L$，$b_{cx} \leqslant L$ 时：

$$b = b_{cy} + 0.7L \qquad (5.5\text{-}3)$$

B）当 $b_{cx} \geqslant b_{cy}$，$0.6L < b_{cy} \leqslant L$，$b_{cx} \leqslant L$ 时：

$$b = 0.6 b_{cy} + 0.94L \qquad (5.5\text{-}4)$$

式中　b_{cx}——荷载作用面平行于板跨的计算宽度；

　　　b_{cy}——荷载作用面垂直于板跨的计算宽度。

而　　　　　　　　　　　$b_{cx} = b_{tx} + 2S + h \qquad (5.5\text{-}5)$

$$b_{cy} = b_{ty} + 2S + h \qquad (5.5\text{-}6)$$

式中　b_{tx}——荷载作用面平行于板跨的宽度；

　　　b_{ty}——荷载作用面垂直于板跨的宽度；

　　　S——垫层厚度；

　　　h——板的厚度。

以上有效分布宽度系根据试验和弹性理论分析，并参照国内外有关资料而确定的。

② 对简支单向板，当局部荷载作用面的长边垂直于板跨时，板上荷载的有效分布宽度 b 为（图 5.5-2）：

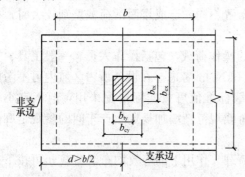 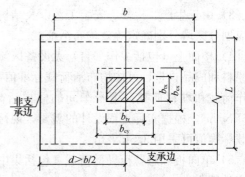

图 5.5-1　单向板局部荷载作用面的长
　　　边平行于板跨的有效分布宽度

图 5.5-2　单向板局部荷载作用面的长
　　　边垂直于板跨的有效分布宽度

A）当 $b_{cx} < b_{cy}$，$b_{cy} \leqslant 2.2L$，$b_{cx} \leqslant L$ 时：

$$b = 2/3 b_{cy} + 0.73L \qquad (5.5\text{-}7)$$

B）当 $b_{cx} \leqslant b_{cy}$，$b_{cy} > 2.2L$，$b_{cx} \leqslant L$ 时：

$$b = b_{cy} \qquad (5.5\text{-}8)$$

以上有效分布宽度同样也是根据试验和弹性理论分析，并参照国内外有关资料而确定的。条形局部荷载的有效分布宽度根据弹性理论分析，与条形局部荷载在板面上的方向有关，并且和正方形局部荷载有所不同，当 b_{cy} 大于 $2.2L$ 时，局部荷载沿垂直于板跨方向的分布宽度可以忽略不计，此时条形局部荷载的有效分布宽度取荷载本身的长度，即 $b = b_{cy}$。

③ 对简支单向板，当局部荷载作用在板的非支承边附近，即 $d < b/2$ 时（图 5.5-3），由于非支承边的存在，使荷载的有效分布宽度 b' 在非支承边一侧受到限定，因而应按下式折减：

$$b' = b/2 + d \tag{5.5-9}$$

式中　b'——折减后的有效分布宽度；

　　　d——荷载作用面中心至非支承边的距离。

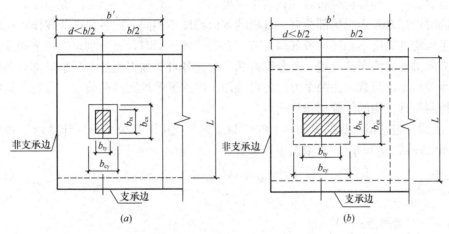

图 5.5-3　简支板上局部荷载作用在板的非支承边附近时的有效分布宽度

（a）荷载作用面的长边平行于板跨；（b）荷载作用面的短边平行于板跨

④对简支单向板，当两个局部荷载相邻且中心间距为 e，而 $e < b$ 时，荷载的有效分布宽度应予折减，折减后的有效分布宽度 b' 可按下式计算（图 5.5-4）：

$$b' = b/2 + e/2 \tag{5.5-10}$$

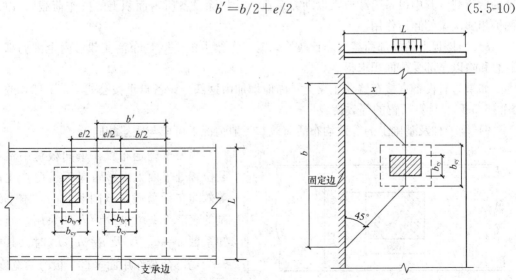

图 5.5-4　相邻两个局部荷载的有效分布宽度　　图 5.5-5　悬臂板上局部荷载的有效分布宽度

式中 e——相邻两个局部荷载的中心间距。

⑤悬臂板上局部荷载的有效分布宽度 b 可按沿板面 45°向支承边扩散方法进行计算（图 5.5-5）：

$$b=b_{cy}+2x \tag{5.5-11}$$

式中 b_{cy}——荷载作用面垂直于板跨的宽度，按公式（5.5-6）计算确定；

x——荷载作用面中心处距固定边的距离。

6）矩形平面四边支承双向板的等效均布活荷载可按与单向板相同的原则，按四边简支板的绝对最大弯矩等值来确定。当为连续多跨双向板时，其等效均布活荷载可分别对每跨按四边简支的双向板进行确定。局部荷载原则上应布置在可能的最不利位置上，一般情况下应至少有一个局部荷载布置在板的中央处。

当同时作用有若干个局部荷载、或板的双向跨度不相同、或各局部荷载作用面积垂直和平行于板跨的宽度不相同、或各局部荷载布置位置不同时，可分别求出每个局部荷载相应两个方向的等效均布活荷载，并分别按两个方向各自叠加得出在若干个局部荷载作用情况下的等效均布活荷载。在两个方向各自叠加得出的等效均布活荷载中，可选取其中较大者作为控制设计采用的等效均布活荷载。

7）次梁（包括槽形板的纵肋）上的局部荷载，应按下列公式分别计算弯矩和剪力的等效均布活荷载 q_{eM} 和 q_{eV}，且取其中较大者：

$$q_{eM}=8M_{max}/sL^2 \tag{5.5-12}$$

$$q_{eV}=2V_{max}/sL \tag{5.5-13}$$

式中 s——次梁间距；

L——次梁跨度；

M_{max}——简支次梁的绝对最大弯矩，按设备的最不利布置情况确定；

V_{max}——简支次梁的绝对最大剪力，按设备的最不利布置情况确定。

按简支梁计算 M_{max} 和 V_{max} 时，除直接传给次梁的局部荷载外，还应考虑邻近板面传来的活荷载（其中设备荷载应乘以动力系数，并扣除设备所占面积上的操作荷载），以及两侧相邻次梁的卸荷作用。

8）当楼板上的局部荷载分布比较均匀时，主梁上的等效均布活荷载可由全部局部荷载总和除以全部受荷面积求得。

如果另有设备直接布置在主梁上，尚应增加由这部分设备自重按公式（5.5-12）或公式（5.5-13）计算所得的等效荷载。

9）墙、柱及基础上的等效均布活荷载在一般情况下可取与主梁相同。

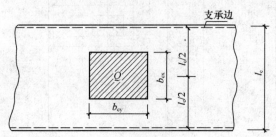

图 5.5-6 简支板承受跨中位置的局部荷载

为便于确定布置在单向板跨中最不利位置处平面为矩形局部荷载 Q 产生的等效均布活荷载 q_e（图 5.5-6），本书编制的表 5.5-1 可供设计人员采用。当已知系数 $\alpha=b_{cy}/L_0$ 及 $\beta=b_{cx}/L_0$ 时（其中 b_{cy} 为局部荷载作用面垂直于板跨的宽度；b_{cx} 为局部荷载作用面平行于板跨的宽度；

L_0 为板的计算跨度）；对符合现行荷载规范上述原则 5）中情况①和情况②中的单向板，其等效均布荷载 q_e 可查表 5.5-1 求得：

$$q_e = \theta Q / (b_{cx} b_{cy}) \tag{5.5-14}$$

式中 θ ——等效均布荷载系数，可直接查表 5.5-1 确定。

单向板等效均布荷载系数 θ 表 5.5-1

α \ β	0.1	0.2	0.3	0.4	0.5	0.6	0.7	0.8	0.9	1.0
0.1	0.0238	0.0450	0.0638	0.0800	0.0938	0.1050	0.1138	0.1200	0.1238	0.1250
0.2	0.0440	0.0800	0.1133	0.1422	0.1667	0.1867	0.2022	0.2133	0.2200	0.2222
0.3	0.0613	0.1161	0.1530	0.1920	0.2250	0.2520	0.2730	0.2880	0.2970	0.3000
0.4	0.0763	0.1445	0.2047	0.2327	0.2727	0.3055	0.3309	0.3491	0.3600	0.3636
0.5	0.0893	0.1693	0.2398	0.3009	0.3125	0.3500	0.3792	0.4000	0.4125	0.4167
0.6	0.1009	0.1912	0.2708	0.3398	0.3982	0.3877	0.4200	0.4431	0.4569	0.4615
0.7	0.1111	0.2106	0.2983	0.3744	0.4387	0.4914	0.4684	0.4941	0.5096	0.5147
0.8	0.1203	0.2280	0.3230	0.4053	0.4749	0.5319	0.5763	0.5408	0.5577	0.5634
0.9	0.1286	0.2436	0.3451	0.4331	0.5075	0.5684	0.6158	0.6496	0.6020	0.6081
1	0.1360	0.2578	0.3652	0.4582	0.5370	0.6014	0.6516	0.6874	0.7088	0.6494
1.1	0.1428	0.2706	0.3834	0.4811	0.5638	0.6314	0.6841	0.7216	0.7442	0.7517
1.2	0.1490	0.2824	0.4000	0.5020	0.5882	0.6588	0.7137	0.7529	0.7765	0.7843
1.3	0.1547	0.2931	0.4152	0.5211	0.6106	0.6839	0.7409	0.7816	0.8061	0.8142
1.4	0.1599	0.3030	0.4293	0.5387	0.6313	0.7070	0.7659	0.8080	0.8333	0.8417
1.5	0.1647	0.3121	0.4422	0.5549	0.6503	0.7283	0.7890	0.8324	0.8584	0.8671
1.6	0.1692	0.3206	0.4542	0.5699	0.6679	0.7481	0.8104	0.8549	0.8816	0.8905
1.7	0.1733	0.3284	0.4653	0.5839	0.6843	0.7664	0.8302	0.8758	0.9032	0.9123
1.8	0.1772	0.3358	0.4756	0.5969	0.6995	0.7834	0.8487	0.8953	0.9233	0.9326
1.9	0.1808	0.3426	0.4853	0.6090	0.7137	0.7993	0.8659	0.9135	0.9421	0.9516
2	0.1842	0.3489	0.4943	0.6204	0.7270	0.8142	0.8821	0.9305	0.9596	0.9693
2.1	0.1873	0.3549	0.5028	0.6310	0.7394	0.8282	0.8972	0.9465	0.9761	0.9859
2.2	0.1900	0.3600	0.5100	0.6400	0.7500	0.8400	0.9100	0.9600	0.9900	1.0000

此外，为便于设计，对矩形平面的双向板当局部均布荷载 q 布置在板中央对称位置处时，为确定此局部荷载产生的等效均布活荷载 q_e，可先根据 l_x / l_y 及 b_{cx}/l_x、b_{cy}/l_x 的比值按表 5.5-2 查得板跨中最大弯矩值 M_x 及 M_y，表中 l_x 为板在 x 方向的计算跨度，l_y 为板在 y 方向的计算跨度，b_{cx} 为局部均布荷载面积平行于 x 方向的宽度，b_{cy} 为局部均布荷载面积平行于 y 方向的宽度。求得板跨中最大弯矩值 M_x 及 M_y 后，再按四边简支跨度为 l_x 及 l_y 承受满布均布面荷载时板的最大弯矩系数表 5.5-3 求得相应于 M_x 及 M_y 的等效均布活荷载 q_{ex} 及 q_{ey}。在 q_{ex} 及 q_{ey} 中选择较大值为该矩形平面双向板设计采用的等效均布活荷载。

四边简支双向板中央局部均布面荷载 q 作用下的跨中最大弯矩系数表（$\mu=0$）表 5.5-2

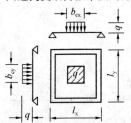

$$跨中最大弯矩＝表中系数×q×b_{cx}×b_{cy}$$

$\dfrac{l_y}{l_x}$	$\dfrac{b_{cy}}{l_x}$	$\dfrac{b_{cx}}{l_x}$ M_x						M_y					
		0.0	0.2	0.4	0.6	0.8	1.0	0.0	0.2	0.4	0.6	0.8	1.0
1.0	0.0	∞	0.1746	0.1213	0.0920	0.0728	0.0592	∞	0.2528	0.1957	0.1602	0.1329	0.1097
	0.2	0.2528	0.1634	0.1176	0.0900	0.0714	0.0581	0.1746	0.1634	0.1434	0.1236	0.1049	0.0872
	0.4	0.1957	0.1434	0.1083	0.0843	0.0674	0.0549	0.1213	0.1176	0.1083	0.0962	0.0831	0.0693
	0.6	0.1602	0.1236	0.0962	0.0762	0.0613	0.0500	0.0920	0.0900	0.0843	0.0762	0.0664	0.0556
	0.8	0.1329	0.1049	0.0831	0.0664	0.0537	0.0439	0.0728	0.0714	0.0674	0.0613	0.0537	0.0451
	1.0	0.1097	0.0872	0.0693	0.0556	0.0451	0.0368	0.0592	0.0581	0.0549	0.0500	0.0439	0.0368
1.2	0.0	∞	0.1936	0.1394	0.1086	0.0874	0.0714	∞	0.2456	0.1889	0.1540	0.1274	0.1051
	0.2	0.2723	0.1826	0.1358	0.1066	0.0861	0.0704	0.1673	0.1563	0.1367	0.1174	0.0995	0.0826
	0.4	0.2156	0.1630	0.1268	0.1013	0.0824	0.0675	0.1143	0.1107	0.1017	0.0903	0.0778	0.0650
	0.6	0.1807	0.1438	0.1154	0.0936	0.0767	0.0629	0.0854	0.0835	0.0782	0.0706	0.0615	0.0515
	0.8	0.1543	0.1259	0.1029	0.0845	0.0696	0.0572	0.0670	0.0657	0.0620	0.0565	0.0495	0.0415
	1.0	0.1322	0.1093	0.0902	0.0745	0.0616	0.0507	0.0544	0.0534	0.0506	0.0463	0.0406	0.0341
	1.2	0.1126	0.0934	0.0773	0.0640	0.0530	0.0436	0.0455	0.0447	0.0424	0.0388	0.0341	0.0286
1.4	0.0	∞	0.2063	0.1515	0.1197	0.0972	0.0796	∞	0.2394	0.1829	0.1485	0.1226	0.1010
	0.2	0.2854	0.1954	0.1480	0.1178	0.0960	0.0787	0.1610	0.1500	0.1308	0.1120	0.0947	0.0786
	0.4	0.2289	0.1761	0.1393	0.1128	0.0925	0.0760	0.1080	0.1045	0.0958	0.0849	0.0731	0.0609
	0.6	0.1946	0.1574	0.1283	0.1055	0.0872	0.0718	0.0792	0.0774	0.0724	0.0653	0.0568	0.0476
	0.8	0.1690	0.1403	0.1166	0.0970	0.0806	0.0665	0.0608	0.0597	0.0563	0.0512	0.0449	0.0377
	1.0	0.1478	0.1246	0.1047	0.0878	0.0733	0.0606	0.0485	0.0476	0.0452	0.0413	0.0362	0.0305
	1.2	0.1294	0.1099	0.0929	0.0783	0.0655	0.0542	0.0400	0.0394	0.0374	0.0342	0.0301	0.0253
	1.4	0.1126	0.0959	0.0813	0.0685	0.0574	0.0475	0.0342	0.0336	0.0319	0.0292	0.0257	0.0216
1.6	0.0	∞	0.2144	0.1592	0.1267	0.1034	0.0849	∞	0.2348	0.1786	0.1445	0.1191	0.0981
	0.2	0.2937	0.2036	0.1558	0.1250	0.1023	0.0840	0.1563	0.1455	0.1264	0.1080	0.0912	0.0756
	0.4	0.2375	0.1845	0.1473	0.1201	0.0989	0.0814	0.1033	0.0998	0.0914	0.0808	0.0695	0.0579
	0.6	0.2035	0.1662	0.1367	0.1132	0.0939	0.0774	0.0744	0.0726	0.0679	0.0612	0.0532	0.0445
	0.8	0.1784	0.1497	0.1255	0.1052	0.0878	0.0725	0.0560	0.0549	0.0518	0.0470	0.0412	0.0346
	1.0	0.1580	0.1346	0.1143	0.0966	0.0810	0.0670	0.0436	0.0428	0.0405	0.0370	0.0325	0.0273
	1.2	0.1405	0.1208	0.1033	0.0878	0.0739	0.0612	0.0351	0.0345	0.0327	0.0299	0.0264	0.0222
	1.4	0.1248	0.1079	0.0926	0.0790	0.0666	0.552	0.0292	0.0288	0.0273	0.0250	0.0221	0.0185
	1.6	0.1105	0.0956	0.0822	0.0702	0.0592	0.0491	0.0253	0.0249	0.0237	0.0217	0.0191	0.0161

$\frac{l_y}{l_x}$	$\frac{b_{cy}}{l_x}$ $\diagdown$ $\frac{b_{cx}}{l_x}$	M_x						M_y					
		0.0	0.2	0.4	0.6	0.8	1.0	0.0	0.2	0.4	0.6	0.8	1.0
1.8	0.0	∞	0.2194	0.1639	0.1311	0.1073	0.0881	∞	0.2317	0.1756	0.1418	0.1168	0.0961
	0.2	0.2988	0.2086	0.1605	0.1294	0.1961	0.0872	0.1531	0.1423	0.1234	0.1053	0.0888	0.736
	0.4	0.2427	0.1897	0.1522	0.1246	0.1029	0.0847	0.1000	0.0967	0.0884	0.0781	0.0671	0.0599
	0.6	0.2091	0.1717	0.1419	0.1180	0.0981	0.0810	0.0711	0.0694	0.0648	0.0583	0.0507	0.0424
	0.8	0.1844	0.1555	0.1310	0.1103	0.0923	0.0763	0.0525	0.0515	0.0485	0.0441	0.0386	0.0324
	1.0	0.1645	0.1410	0.1203	0.1021	0.0859	0.0711	0.0400	0.0392	0.0372	0.0339	0.0298	0.0250
	1.2	0.1475	0.1277	0.1099	0.0938	0.0792	0.657	0.0313	0.0308	0.029	0.0267	0.0235	0.0198
	1.4	0.1327	0.1156	0.1000	0.0857	0.0725	0.0601	0.0253	0.0249	0.0237	0.0217	0.0191	0.0161
	1.6	0.1193	0.1043	0.0904	0.0777	0.0658	0.0546	0.0213	0.0209	0.0199	0.0183	0.0161	0.0135
	1.8	0.1070	0.0936	0.0812	0.0698	0.0592	0.0491	0.0187	0.0183	0.0174	0.0160	0.0141	0.0119
2.0	0.0	∞	0.2224	0.1668	0.1337	0.1096	0.0901	∞	0.2297	0.1738	0.1401	0.1152	0.0948
	0.2	0.3019	0.2116	0.1634	0.1320	0.1085	0.0892	0.1511	0.1403	0.1215	0.1035	0.0873	0.0723
	0.4	0.2459	0.1928	0.1552	0.1274	0.1053	0.0868	0.0980	0.0946	0.0865	0.0763	0.0655	0.0546
	0.6	0.2124	0.1750	0.1450	0.1209	0.1007	0.0831	0.0689	0.0673	0.0628	0.0565	0.0490	0.0410
	0.8	0.1880	0.1590	0.1344	0.1134	0.0950	0.0786	0.0502	0.0492	0.0464	0.0421	0.0369	0.0309
	1.0	0.1684	0.1448	0.1240	0.1055	0.0889	0.0736	0.0375	0.0369	0.0349	0.0319	0.0280	0.0235
	1.2	0.1519	0.1320	0.1140	0.0976	0.0825	0.0685	0.0287	0.0282	0.0268	0.0245	0.0216	0.0181
	1.4	0.1375	0.1204	0.1045	0.0899	0.0762	0.0632	0.0226	0.0222	0.0211	0.0193	0.0170	0.0143
	1.6	0.1248	0.1097	0.0956	0.0824	0.0700	0.0581	0.0183	0.0180	0.0171	0.0157	0.0138	0.0116
	1.8	0.1132	0.0997	0.0871	0.0752	0.0639	0.0531	0.0155	0.0152	0.0145	0.0133	0.0117	0.0098
	2.0	0.1026	0.0904	0.0790	0.0683	0.0580	0.0482	0.0127	0.0135	0.0128	0.0177	0.0104	0.0087

四边简支双向板在满布均布面荷载 q 作用下跨中最大弯矩系数　　　　表 5.5-3

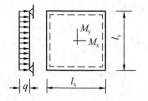

$\mu=0$，$M_{xmax}=\alpha q l_0^2$，$M_{ymax}=\beta q l_0^2$；

式中　l_0 取 l_x 和 l_y 中的较小者；

　　　l_x 为较短边的计算跨度；

　　　l_y 为较长边的计算跨度。

l_x/l_y	0.50	0.55	0.60	0.65	0.70	0.75	0.80	0.85	0.90	0.95	1.00
α	0.0965	0.0892	0.0820	0.0750	0.683	0.0620	0.0561	0.0506	0.0456	0.0410	0.0368
β	0.0174	0.0210	0.0242	0.0271	0.0296	0.0317	0.0334	0.0348	0.0340	0.0364	0.0368

对布置在四边简支矩形双向板上任意位置的局部均布活荷载，可根据上述确定等效均布活荷载的同样方法，采用《建筑结构荷载设计手册（第二版）》（中国建筑工业出版社，2004）中附录四的计算表用手算求得等效均布活荷载 q_{ex} 及 q_{ey}。若同时有多个局部均布活荷载布置在板面上时，可分别求出每个局部荷载相应 x、y 两个方向的等效均布活荷载，

并分别按两个方向各自叠加得出在多个局部荷载情况下的等效均布活荷载。然后在两个方向的等效均布活荷载中选用其中较大者作为设计采用的等效均布活荷载。

除以上确定双向板上作用有局部均布荷载时的等效均布荷载方法外，也可根据上述原则采用其他方法（如有限元法等）。

5.6 楼面活荷载的动力系数

楼面在活荷载作用下的动力相应来源于其作用的活动状态，大致可分为两大类：一类是在正常活动下发生的楼面稳态振动，例如机械设备的运行、车辆的行驶、竞技运动场上观众的持续欢腾、跳舞和走步等；另一类是偶尔发生的楼面瞬态振动，例如重物坠落、人自高处跳下等。前一类作用在结构上可以是周期性的，也可以是非周期性的，后一类是冲击荷载，这两类荷载引起的振动都将因结构自身的阻尼而消逝或迅速衰减。

楼面结构构件设计时，对一般结构由活荷载产生的动力荷载效应，可不经过结构的动力分析，而直接将楼面上的静力荷载乘以动力系数后，作为楼面活荷载，使其相应的静力效应与其最大动力效应等效，按静力分析确定结构的荷载效应。

在很多情况下，由于荷载效应中的动力部分所占比重并不大，因而在设计中往往可以忽略或直接包含在某一活荷载标准值的取值中。但对冲击荷载，由于其作用影响比较明显，在设计中应予考虑。原荷载规范明确规定，搬运和装卸重物以及车辆启动和刹车时的动力系数可取 1.1～1.3；直升机在屋面上正常降落时的活荷载也应考虑动力系数，对具有液压轮胎起落架的直升机可取 1.4。此外还规定动力系数只传至直接承受该荷载的楼板和梁。以上规定现行荷载规范均予以沿用。

5.7 屋面积灰荷载

在编制 TJ 9—74 规范前，曾对全国 15 个冶金企业的 25 个车间，13 个机械工厂的 18 个铸造车间及 10 个水泥厂的 27 个车间进行过一次全面系统的积灰荷载实际调查，提出了这类工业建筑的屋面积灰荷载的有关规定，这些规定沿用至今证明在遵行严格的管理制度及具有必要的除尘装置情况下可以保证屋盖结构的安全。因而在设计这类有屋面积灰荷载的屋盖结构时，必须向业主强调除设置除尘装置外，尚应坚持正常的清灰制度，对一般厂房应做到 3～6 个月清灰一次，对铸造车间的冲天炉附近，因积灰速度较快且积灰范围不大，可以做到按月清灰一次，否则可能会发生屋盖倒塌造成严重安全事故。此外结构设计人员在设计中应注意以下事项：

1）现行荷载规范表 5.4.1-1 及表 5.4.1-2 中规定的屋面积灰荷载标准值仅用于屋面坡度 $\alpha \leqslant 25°$ 时，当 $\alpha > 45°$ 时可不考虑积灰荷载；当 α 在 $25°\sim 45°$ 范围内时可按插值法取值；此外，该荷载不包括清灰设备的重量。

2）在设计有积灰荷载的工业建筑的屋盖结构进行荷载效应组合时，屋面积灰荷载应与雪荷载或不上人的屋面均布活荷载两者中的较大值同时考虑。

3）在易于形成灰堆的屋面处，当设计屋面板、檩条时，该处的积灰荷载标准值宜乘以增大系数：在高低跨处两倍于屋面高差但不大于 6m 的分布宽度内，低跨屋面的积灰荷载标准值应乘以增大系数 2；在天沟处不大于 3m 的分布宽度内增大系数应取 1.4。

5.8 例题

【例题 5-1】 某医院病房的简支钢筋混凝土楼面梁，其计算跨度 $l_0 = 7.5\text{m}$，梁间距为
3.6m，楼板为现浇钢筋混凝土单向板（图例 5.8.1-1），求楼面梁承受的楼面均布活荷载
标准值在梁上产生的均布线荷载。

【解】 楼面梁的从属面积 $A = 3.6 \times 7.5 = 27\text{m}^2 > 25\text{m}^2$

医院病房属现行荷载规范表 5.1.1 中的项次 1（1），由于楼面梁的从属面积大于
25m² 故在计算楼面梁时楼面活荷载的标准值折减系数取 0.9。此外从规范表 5.1.1 中查得
医院病房的楼面活荷载标准值为 2.0kN/m²。

因此楼面梁承受的由楼面均布活荷载标准值在梁上产生的均布线荷载 q_k（计算简图
见图 5.8.1-2）。

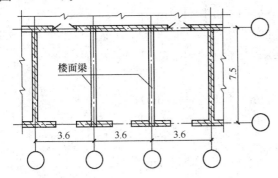

图 5.8.1-1 楼面梁平面示意（单位：m）

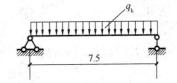

图 5.8.1-2 楼面梁计算简图

$$q_k = 2.0 \times 0.9 \times 3.6 = 6.48\text{kN/m}$$

【例题 5-2】 某教学楼为钢筋混凝土框架结构，其结构平面及剖面见图 5.8.2-1 及图
5.8.2-2，楼盖为现浇单向板主次梁承重体系，求教学楼中柱 1 在第四层顶柱（1-1 截面）
处，当楼面活荷载满布时，由楼面活荷载标准值产生的轴向力。

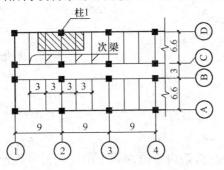

图 5.8.2-1 结构平面（单位：m）

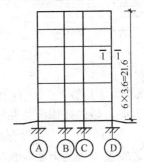

图 5.8.2-2 剖面（单位：m）

【解】 教学楼属现行荷载规范表 5.1.1 的项次 2，当柱承受的楼面梁荷载从属面积大
于 50m² 时，设计柱时楼面活荷载标准值的折减系数应取 0.9。查规范表 5.1.1，其楼面活

荷载标准值为 2.5kN/m^2。

忽略纵横框架梁在楼面荷载作用下，由梁两端不平衡弯矩产生的轴向力，柱 1 的 1-1 截面承受着第 5、6 层的楼面活荷载，其柱承受的楼面梁荷载从属面积如图 5.8.2-1 中的阴影所示，其值为 $3.3\times9\times2=59.4\text{m}^2>50\text{m}^2$。

故其轴向力标准值 $N_k=59.4\times2.5\times0.9=133.7\text{kN}$

（注意：柱的折减系数取 0.9 必须满足设计截面以上各楼层传来荷载的楼面梁从属面积总和超过 50m^2 的要求。）

【例题 5-3】 某类型工业建筑的楼面板为现浇钢筋混凝土单向连续板，板厚度 0.1m。在安装时，各跨内最不利情况的设备位置如图 5.8.3-1 所示，设备重 8kN，设备平面尺寸为 $0.5\text{m}\times1.0\text{m}$，搬运设备时的动力系数为 1.1，设备直接放置在楼面板上，无设备区域的操作荷载为 2kN/m^2，求该情况下设备荷载的等效楼面均布活荷载标准值。

【解】 板的计算跨度 $l_0=l_c=3\text{m}$

设备荷载作用面平行于板跨的计算宽度：
$$b_{cx}=b_{tx}+2s+h=1+0.1=1.1\text{m}$$

设备荷载作用面垂直于板跨的计算宽度：
$$b_{cy}=b_{ty}+2s+h=0.5+0.1=0.6\text{m}$$

符合 $b_{cx}>b_{cy}$（即 $1.1\text{m}>0.6\text{m}$）；

且由于： $b_{cy}<0.6\,l_0$（即 $0.6\text{m}<0.6\times3=1.8\text{m}$）；
$$b_{cx}<l_0\quad（即\ 1.1\text{m}<3\text{m}）。$$

故设备荷载在板上的有效分布宽度：
$$b=b_{cy}+0.7l_0=0.6+0.7\times3=2.7\text{m}$$

板的计算简图（按简支单跨板计算）见图 5.8.3-2。

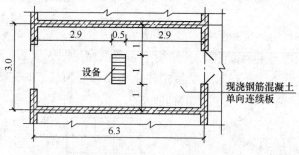

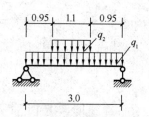

图 5.8.3-1 楼板平面（单位：m） 图 5.8.3-2 板的计算简图（m）

作用在板上的荷载：

1）无设备区域的操作荷载在板的有效分布宽度内产生的沿板跨均布线荷载 q_1：
$$q_1=2\times2.7=5.4\text{kN/m}$$

2）设备荷载乘以动力系数并扣除设备在板跨内所占面积上的操作荷载后产生的沿板跨均布线荷载 q_2：
$$q_2=（8\times1.1-2\times0.5\times1）/1.1=7.09\text{kN/m}$$

板的绝对最大弯矩 $M_{max}=\dfrac{1}{8}q_1l_0^2+\dfrac{1}{8}q_2l_0^2（2-b_{cx}/l_0）b_{cx}$

$$=\frac{1}{8}\times5.4\times3^2+\frac{1}{8}\times7.09\times3\times(2-1.1/3)\times1.1$$

$$=10.85\text{kN}\cdot\text{m}$$

等效楼面均布荷载标准值：

$$q_e=8M_{max}/(bl_0^2)=8\times10.85/(2.7\times3^2)=3.57\text{kN/m}^2$$

也可直接按本书表 5.5-1 查系数 θ 确定。

按题意 $\alpha=1.1/3=0.367$，$\beta=0.6/3=0.2$。

由表 5.5-1 得 $\theta=0.1351$。

操作荷载 $q_1=2\text{kN/m}^2$，扣除设备在板跨内所占面积上的操作荷载后的剩余局部荷载 $Q=1.1\times8-2\times0.5\times1=7.8\text{kN}$，求得局部均布荷载 $q_2=Q/(b_c\times b_{cy})=7.8/(1.1\times0.6)=11.82\text{kN/m}^2$。

得等效楼面均布活荷载标准值 $q_e=q_1+\theta q_2=2+0.1351\times11.82=3.60\text{kN/m}^2$，可见两种方法结果基本一致。

【例题 5-4】 某类型工业建筑的楼面板，在使用过程中最不利情况设备位置如图 5.8.4-1 所示，设备重 8kN，设备平面尺寸为 0.5m×1.0m，设备下有混凝土垫层厚 0.1m，其面积为 0.7m×1.2m。使用过程中设备产生的动力系数为 1.1。楼面板为现浇钢筋混凝土单向连续板，其厚度为 0.1m，无设备产生的操作荷载为 2.0kN/m²，求此情况下等效楼面均布活荷载标准值。

【解】 板的计算跨度 $l_0=l_c=3\text{m}$。

设备荷载作用面平行于板跨的计算跨度：

$$b_{cx}=b_{tx}+2s+h=0.5+2\times0.1+0.1=0.8\text{m}$$

设备荷载作用面垂直于板跨的计算宽度：

$$b_{cy}=b_{ty}+2s+h=1+2\times0.1+0.1=1.3\text{m}$$

符合 $b_{cx}<b_{cy}$（即 0.8m<1.3m）；

由于：$b_{cy}<2.2l_0$（即 1.3m<2.2×3=6.6m）；

$b_{cx}<l_0$（即 0.8m<3m）

故设备荷载在板上的有效分布宽度：

$$b=\frac{2}{3}b_{cy}+0.73l_0=\frac{2}{3}\times1.3+0.73\times3=3.06\text{m}$$

板的计算简图（按简支单跨板计算）见图 5.8.4-2。

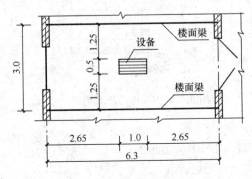

图 5.8.4-1 楼板平面（单位：m）

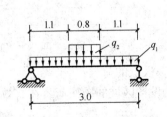

图 5.8.4-2 板的计算简图（单位：m）

作用在板上的荷载：

1）无设备区域的操作荷载在板的有效分布宽度内产生的沿板跨均布线荷载：
$$q_1 = 2 \times 3.06 = 6.12 \text{kN/m}$$

2）设备荷载乘以动力系数并扣除设备在板跨内所占面积上的操作荷载后产生的沿板跨均布线荷载 q_2：
$$q_2 = (8 \times 1.1 - 2 \times 0.5 \times 1)/0.8 = 9.75 \text{kN/m}$$

板的绝对最大弯矩。
$$M_{\max} = \frac{1}{8} \times 6.12 \times 3^2 + \frac{1}{8} \times 9.75 \times 0.8 \times 3 \times (2 - 0.8/3) = 11.96 \text{kN} \cdot \text{m}$$

等效楼面均布活荷载标准值
$$q_e = 8M_{\max}/(bl_0^2) = 8 \times 11.96/(3.06 \times 3^2) = 3.47 \text{kN/m}^2$$

【例题 5-5】 某类型工业建筑的楼面板，在安装设备时最不利的设备位置如图5.8.5-1所示，设备重10kN，设备平面尺寸为 $1.8\text{m} \times 1.9\text{m}$，搬运设备时产生的动力系数为1.2，设备直接放置在楼面板上，楼面板为现浇钢筋混凝土单向连续板，其厚度0.1m，无设备区域的操作荷载为 2.0kN/m^2，求此情况下设备荷载的等效楼面均布活荷载标准值。

【解】 板的计算跨度 $l_0 = l_c = 3\text{m}$。

设备荷载作用面平行于板跨的计算宽度：
$$b_{cx} = b_{tx} + 2s + h = 1.9 + 0.1 = 2\text{m}$$

设备荷载作用面垂直于板跨的计算宽度：
$$b_{cy} = b_{ty} + 2s + h = 1.8 + 0.1 = 1.9\text{m}$$

符合 $b_{cx} > b_{cy}$（即 $2\text{m} > 1.9\text{m}$）；

由于：$0.6l_0 < b_{ty} < l_0$（即 $0.6 \times 3\text{m} < 1.9\text{m} < 3\text{m}$）；

$b_{cx} < l_0$（即 $2\text{m} < 3\text{m}$）

故设备荷载在板上的有效分布宽度：
$$b = 0.6b_{cy} + 0.94l_0 = 0.6 \times 1.9 + 0.94 \times 3 = 3.96\text{m}$$

板的计算简图（按简支单跨板计算）见图5.8.5-2。

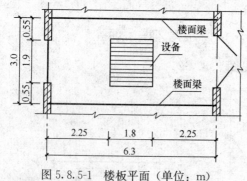
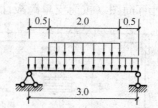

图 5.8.5-1　楼板平面（单位：m）　　　图 5.8.5-2　板的计算简图（单位：m）

作用在板上的荷载：

1）无设备区域的操作荷载在有效分布宽度内产生的沿板跨的均布线荷载 q_1：
$$q_1 = 2 \times 3.96 = 7.92 \text{kN/m}$$

2）设备荷载乘以动力系数并扣除设备在板跨内所占面积上的操作荷载后产生的沿板

跨的均布线荷载 q_2：

$$q_2 = (10 \times 1.2 - 1.8 \times 1.9 \times 2)/2 = 2.58 \text{kN/m}$$

板的绝对最大弯矩 M_{max}：

$$M_{max} = \frac{1}{8} \times 7.92 \times 3^2 + \frac{1}{8} \times 2.58 \times 2 \times 3 \times \left(2 - \frac{2}{3}\right) = 11.49 \text{kN} \cdot \text{m}$$

等效楼面均布活荷载标准值 q_e：

$$q_e = 8M_{max}/(bl_0^2) = 8 \times 11.49/(3.96 \times 3^2) = 2.58 \text{kN/m}^2$$

【例题 5-6】 某类型工业建筑的平台楼面板，在生产过程中设备的位置如图 5.8.6-1 所示。设备重 4kN，其动力系数为 1.1，平面尺寸为 0.5m×0.8m，设备下有混凝土垫层厚 0.2m。支承设备的楼面板为现浇钢筋混凝土悬臂板，板厚 0.25m，无设备区域的操作荷载 2kN/m²，求此情况下的等效楼面均布活荷载标准值。

【解】 板的计算跨度 $l_0 = 2.5$m。

设备荷载作用面平行于板跨的计算宽度：

$$b_{cx} = b_{tx} + 2s + h = 0.5 + 2 \times 0.2 + 0.25 = 1.15 \text{m}$$

设备荷载作用面垂直于板跨的计算宽度：

$$b_{cy} = b_{ty} + 2s + h = 0.8 + 2 \times 0.2 + 0.25 = 1.45 \text{m}$$

悬臂板上局部荷载的有效分布宽度：

$$b = b_{cy} + 2x = 1.45 \times 1.6 \times 2 = 4.65 \text{m}$$

但由于设备荷载作用位置靠近板的非支承边，因此有效分布宽度应予以折减，折减后板的有效分布宽度：

$$b' = \frac{b}{2} + d = \frac{4.465}{2} + 1.225 = 3.55 \text{m}$$

板的计算简图（按悬臂板计算）见图 5.8.6-2。

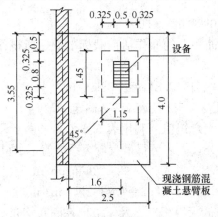
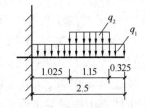

图 5.8.6-1　楼板平面（单位：m）　　　图 5.8.6-2　板的计算简图（单位：m）

作用在板上的荷载：

1）无设备区域的操作荷载在折减后的有效分布宽度 b' 内沿板跨产生的均布线荷载 q_1：

$$q_1 = 2 \times 3.55 = 7.1 \text{kN/m}$$

2）设备荷载乘以动力系数扣除设备在板跨内所占面积上的操作荷载后产生的沿板跨

均布线荷载 q_2：
$$q_2 = (4 \times 1.1 - 0.5 \times 0.8 \times 2) / 1.15 = 3.13\text{kN/m}$$
板的绝对最大弯矩：
$$M_{\max} = -1/2 \times 7.2 \times 2.5^2 - 3.13 \times 1.15 \times 1.6 = -27.95\text{kN} \cdot \text{m}$$
等效楼面均布活荷载标准值：
$$q_e = 2M_{\max} / (b' l_0^2) = 2 \times 27.95/3.55 \times 2.5^2 = 2.52\text{kN/m}^2$$

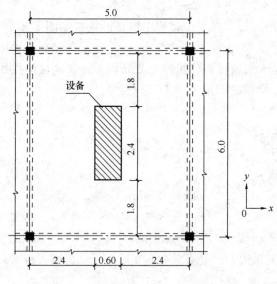

图 5.8.7　楼板平面图（单位：m）

【例题 5-7】　某类型工业建筑的楼面板，在安装设备时最不利的位置如图 5.8.7 所示，设备重 20kN，其平面尺寸 0.88m×2.4m，安装设备时的动力系数为 1.1，设备下无垫层厚 0.1m，楼面板为现浇多跨双向钢筋混凝土连续板，其厚度 0.2m，无设备区域的操作活荷载标准值 2kN/m²，求此情况下该板的楼面等效均布活荷载标准值。

【解】　按四边简支单跨双向板计算其楼面等效均布活荷载标准值 q_e：

板沿 x 方向的计算跨度 $l_x = 5.0$m，沿 y 方向的计算跨度 $l_y = 6.0$m

设备荷载作用面平行于 x 方向的计算宽度 $b_{cx} = 0.6 + 2 \times 0.1 + 0.2 = 1.0$m

设备荷载作用面平行于 y 方向的计算宽度 $b_{cy} = 2.4 + 2 \times 0.1 + 0.2 = 2.8$m

作用在板面上的活荷载标准值：

1）无设备区域的操作活荷载标准值 $q_1 = 2.0\text{kN/m}^2$

2）设备荷载（乘动力系数）扣除设备所占面积上的操作活荷载标准值后所得作用在板中央处的局部均布面荷载 q_2：
$$q_2 = (20 \times 1.1 - 0.6 \times 2.4 \times 2) / (1 \times 2.8) = 6.83\text{kN/m}^2$$

由 q_2 产生的楼面等效均布活荷载 q_{2e} 可利用表 5.5-2 及表 5.5-3 确定。

先求 q_2 产生的板跨中板带 x 及 y 方向的最大弯矩值（利用表 5.5-2），参数：$l_y/l_x = 6/5 = 1.2$、$b_{cx}/l_x = 1/5 = 0.2$、$b_{cy}/l_x = 2.8/5 = 0.56$，查表可得最大弯矩系数值，求得：
$$M_{x\max} = 0.1476 \times q_2 b_{cx} b_{cy} = 0.1476 \times 6.83 \times 1 \times 2.8 = 2.822\text{kN} \cdot \text{m/m}$$
$$M_{y\max} = 0.0909 \times q_2 b_{cx} b_{cy} = 0.0909 \times 6.83 \times 1 \times 2.8 = 1.738\text{kN} \cdot \text{m/m}$$

再根据上述跨中板带最大弯矩值利用表 5.5-3 求得相应 x 及 y 方向在满布均布等效的活荷载标准值，参数：$l_x/l_y = 5/6 = 0.833$，查表得最大弯距系数 $\alpha = 0.0525$，$\beta = 0.0325$，因此
$$q_{2ex} = M_{x\max} / (\alpha l_x^2) = 2.822 / (0.0525 \times 5^2) = 2.15\text{kN/m}^2$$
$$q_{2ey} = M_{y\max} / (\beta l_x^2) = 1.738 / (0.0325 \times 5^2) = 2.14\text{kN/m}^2，\text{取两者的较大值为} q_{2e}$$

因此该板的楼面等效均布活荷载 $q_e = q_1 + q_{2e} = 2 + 2.15 = 4.15\text{kN/m}^2$

第6章 吊 车 荷 载

6.1 吊车竖向荷载及水平荷载

6.1.1 吊车竖向荷载标准值

2001 年以前的我国建筑结构荷载规范规定：吊车（起重机）荷载的计算与吊车工作制有关，并将吊车工作制划分为轻级、中级、重级、超重级四个等级。吊车工作制反映了吊车工作的不同繁重程度。而吊车产品也是根据这四个等级进行划分并生产。但是自国家标准《起重机设计规范》GB 3811—83 颁布实施后，吊车分类改按工作级别划分，吊车产品也改按此划分和生产，且吊车荷载与工作级别有关。

根据现行国家标准《起重机设计规范》GB 3811—2008 的规定，工作级别按以下方法确定：首先确定吊车的使用等级。吊车的使用等级 U 是指吊车在设计预期寿命期内可能完成的总工作循环次数 C_T，它分为 10 个使用等级（$U_0 \sim U_9$），见表 6.1.1-1。

起重机的使用等级　　　　　　　　　　　　　　表 6.1.1-1

使用等级	起重机总工作循环次数 C_T	起重机使用频繁程度
U_0	$C_T \leqslant 1.60 \times 10^4$	
U_1	$1.60 \times 10^4 < C_T \leqslant 3.20 \times 10^4$	
U_2	$3.20 \times 10^4 < C_T \leqslant 6.30 \times 10^4$	很少使用
U_3	$6.30 \times 10^4 < C_T \leqslant 1.25 \times 10^5$	
U_4	$1.25 \times 10^5 < C_T \leqslant 2.50 \times 10^5$	不频繁使用
U_5	$2.50 \times 10^5 < C_T \leqslant 5.00 \times 10^5$	中等频繁使用
U_6	$5.00 \times 10^5 < C_T \leqslant 1.00 \times 10^6$	较频繁使用
U_7	$1.00 \times 10^6 < C_T \leqslant 2.00 \times 10^6$	频繁使用
U_8	$2.00 \times 10^6 < C_T \leqslant 4.00 \times 10^6$	特别频繁使用
U_9	$4.00 \times 10^6 < C_T$	

其次确定吊车荷载状态级别。吊车荷载状态级别 Q 反映吊车吊运荷载工作的繁重程度。荷载状态级别按荷载谱系数 K_P 分为 4 级（$Q_1 \sim Q_4$），见表 6.1.1-2。

起重机的荷载状态级别及荷载谱系数　　　　　　　表 6.1.1-2

荷载状态级别	起重机的荷载谱系数 K_P	说　明
Q_1	$K_P \leqslant 0.125$	很少吊运额定荷载，经常吊运较轻荷载
Q_2	$0.125 < K_P \leqslant 0.250$	较少吊运额定荷载，经常吊运中等荷载

荷载状态级别	起重机的荷载谱系数 K_P	说　明
Q_3	$0.250 < K_P \leqslant 0.500$	有时吊运额定荷载，较多吊运较重荷载
Q_4	$0.500 < K_P \leqslant 1.000$	经常吊运额定荷载

如果已知起重机各个吊运荷载值的大小及相应的起吊次数的资料，则可用公式（6.1.1-1）算出该起重机的荷载谱系数：

$$K_P = \sum_{i=1}^{n}\left[\frac{C_i}{C_T}\left(\frac{P_{Qi}}{P_{Qmax}}\right)^m\right] \tag{6.1.1-1}$$

式中　K_P——起重机的荷载谱系数；

　　　C_i——与起重机各个有代表性的吊运荷载相应的工作循环数，$C_i = C_1，C_2，$
　　　　　$C_3，\cdots，C_n$；

　　　C_T——起重机总工作循环数，$C_T = C_1 + C_2 + C_3 + \cdots + C_n$；

　　　P_{Qi}——能表征起重机在预期寿命内工作任务的各个有代表性的吊运荷载，$P_{Qi} = $
　　　　　$P_{Q1}，P_{Q2}，P_{Q3}\cdots P_{Qn}$；

　　　P_{Qmax}——起重机的额定吊运荷载（额定起重量）；

　　　m——幂指数，为了便于级别的划分，约定取 $m=3$。

展开后，公式（6.1.1-1）变为：

$$K_P = \frac{C_1}{C_T}\left(\frac{P_{Q1}}{P_{Qmax}}\right)^3 + \frac{C_2}{C_T}\left(\frac{P_{Q2}}{P_{Qmax}}\right)^3 + \cdots + \frac{C_n}{C_T}\left(\frac{P_{Qn}}{P_{Qmax}}\right)^3 \tag{6.1.1-2}$$

由公式（6.1.1-2）算得起重机荷载谱系数的值后，便可按表 6.1.1-2 确定该起重机相应的荷载状态级别。

最后根据起重机的 10 个使用等级和 4 个荷载状态级别，将起重机整机的工作级别划分为 A1～A8 共 8 个级别，见表 6.1.1-3。

起重机（吊车）整机的工作级别　　　　　　　　　　　　表 6.1.1-3

荷载状态级别	起重机的荷载谱系数 K_P	起重机的工作级别									
		U_0	U_1	U_2	U_3	U_4	U_5	U_6	U_7	U_8	U_9
Q_1	$K_P \leqslant 0.125$	A1	A1	A1	A2	A3	A4	A5	A6	A7	A8
Q_2	$0.125 < K_P \leqslant 0.250$	A1	A1	A2	A3	A4	A5	A6	A7	A8	A8
Q_3	$0.250 < K_P \leqslant 0.500$	A1	A2	A3	A4	A5	A6	A7	A8	A8	A8
Q_4	$0.500 < K_P \leqslant 1.000$	A2	A3	A4	A5	A6	A7	A8	A8	A8	A8

如果不能获得起重机设计预期寿命期内的各个有代表性的吊运荷载值的大小及相应的起吊次数资料，则无法通过上述计算得到吊车的荷载谱系数并确定它的荷载状态级别，进而不能确定吊车工作级别。因此实际工程设计中可采用以下两种办法确定工作级别：

1）由制造商和用户协商确定适合于实际工程设计中起重机的荷载状态级别及相应的荷载谱系数，再结合对起重机使用等级的判断确定其工作级别，然后选用起重机产品。

2）根据同类生产车间的使用经验，确定设计选用吊车的工作级别。考虑到我国结构设计人员的设计习惯和工程经验可按表 6.1.1-4 的对应关系确定吊车工作级别。

工作制等级	轻级	中级	重级	超重级
工作级别	A1、A2、A3	A4、A5	A6、A7	A8

注：1. 吊车工作制为轻级是指：安装、维修用梁式起重机，电站用桥式起重机；

    2. 吊车工作制为中级是指：机械加工、冲压、板金、装配等车间用的软钩桥式起重机；

    3. 吊车工作制为重级是指：繁重工作车间及仓库用软钩桥式起重机，冶金工厂用的普通软钩起重机及间断工作用磁盘、抓斗桥式起重机；

    4. 吊车工作制为超重级是指：冶金工厂专用桥式起重机（例如脱锭、夹钳、料耙等起重机）及连续工作的磁盘、抓斗桥式起重机。

我国在上世纪 70 及 80 年代在编制《工业与民用建筑结构荷载规范》TJ 9—74 及《建筑结构荷载规范》GBJ 9—87 时，曾对吊车荷载进行过大量的实测调查和研究，可以得出以下结论：

1）吊车荷载具有随机性，其变化的幅度与吊车类型、车间生产性质密切相关。

2）吊车荷载虽受到额定起升荷载（额定起重量）的限制，但仍有部分吊车超载运行。

3）可以认为吊车荷载是随时间和空间而变异的一种可变荷载，宜用随机过程的概率模型进行描述。对实测数据经过整理分析比较后，建议吊车竖向荷载的任意时点的概率分布可用极值I型分布函数表达。

4）由于要取得吊车竖向荷载的精确资料来确定极值I型概率分布相当困难。考虑到吊车在正常使用中，受到额定起重量的限制，一般不应超载，但仍有部分吊车确实存在着超载的情况，因而 GBJ 9—87 规范规定取吊车的最大轮压和最小轮压作为吊车最大和最小竖向荷载的标准值。以上规定在现行荷载规范中继续保留，经多年工程设计实践表明，该规定能保证结构安全。

吊车最大轮压通常在吊车生产厂提供的各类吊车技术资料中已明确给出，但吊车最小轮压却往往需要由设计者自行计算，其计算公式可采用如下：

对吊车桥架每端有两个车轮的吊车，如电动单梁起重机及起重量不大于 50t 的普通电动吊钩桥式起重机等，其最小轮压：

$$P_{\min} = \frac{G+Q}{2}g - P_{\max} \tag{6.1.1-3}$$

对吊车桥架每端有四个车轮的吊车，如起重量超过 50t 但小于 125t 的电动吊钩式起重机等，其最小轮压：

$$P_{\min} = \frac{G+Q}{4}g - P_{\max} \tag{6.1.1-4}$$

对吊车桥架每端有八个车轮的吊车，如起重量超过 125t 的电动吊钩式起重机等，其最小轮压：

$$P_{\min} = \frac{G+Q}{8}g - P_{\max} \tag{6.1.1-5}$$

式中 $P_{\min}$——吊车的最小轮压（kN）；

       $P_{\max}$——吊车的最大轮压（kN）；

       G——吊车总重量（t）；

       Q——吊车额定起重量（t）；

g——重力加速度，取 $9.81\mathrm{m/s^2}$。

6.1.2 吊车水平荷载标准值

吊车的水平荷载有纵向和横向两种。它们分别由吊车的大车和横行小车的运行机构在启动或制动时引起的惯性力产生。惯性力为运行重量与运行加速度的乘积，它必须通过制动轮与轨道间的摩擦传递给厂房结构。

吊车的纵向水平荷载取决于制动轮的轮压及其与轨道间的滑动摩擦系数。此摩擦系数理论上可取 0.14。我国自 1958 年颁布并实施的《荷载暂行规范》（规结 1-58）至今各版本的建筑结构荷载规范中均规定，吊车纵向水平荷载取作用在吊车一端的吊车轨道上全部制动轮最大轮压之和的 10%，也即规定取摩擦系数为 0.1，此值虽比理论值低，但经多年来的工程实践经验证明，其值尚未发现有重大问题。上世纪 80 年代太原重型机械学院曾对一台额定起重量为 300t 的中级工作制动电桥式吊车进行过纵向水平制动荷载的测试，得出大车制动时的摩擦系数为 0.084～0.091 与规范规定值接近，说明规范的取值比较合适。该项荷载的作用点位于制动轮与轨道的接触点，其方向与轨道方向一致。现行荷载规范也以此规定值确定吊车纵向水平力标准值。即吊车纵向水平荷载标准值按下列公式计算：

$$T_\mathrm{L} = \psi 0.1\sum P_\mathrm{max} \tag{6.1.2-1}$$

式中　T_L——作用在吊车一端的吊车轨道上的吊车纵向水平力标准值；

　　　ψ——多台吊车的荷载折减系数；

$\sum P_\mathrm{max}$——作用在吊车一端的吊车轨道上全部制动轮最大轮压。

根据本书作者调查，目前我国吊车生产厂家生产的各类型电动单梁起重机及电动吊钩桥式起重机通常在每台吊车两端的车轮中，各端均只有一个动轮（主管吊车制动或启动），且同步制动或启动以便保证吊车平稳运行。因此结构设计人员应在有吊车的单层厂房排架纵向设计中注意此情况。

吊车横向水平力是由吊车的横行小车（简称小车）在启动和制动时产生的惯性力，经吊车桥架两端的各车轮传至吊车轨道，再传至其下方的承重构件（吊车梁等）及横向排架结构柱。在修订 TJ 9—74 规范时，浙江大学、太原重型机械学院及原第一机械工业部第一设计院等单位在 3 个地区对 5 个厂房及 12 个露天栈桥的额定起重量为 5～75t 的中级工作制动桥式吊车进行了实测，得出以下结论：

1）吊车横向水平力随吊车额定起重量的减小而增大，并不是一个定值。

2）吊车横向水平力具有横向分配的特性，并非仅由吊车桥架一端轨道上各车轮平均传至轨顶，而是由吊车桥架两端轨道上各车轮共同传力。

3）TJ 9—74 规范对吊车水平力的取值与实测值相比偏小，应提高其取值规定。

根据上述实测数据进行统计分析后，规范修订组提出了设计基准期 50 年的吊车横向水平力最大值概率分布函数和对 TJ 9—74 规范修改的建议，最终在 GBJ 9—87 规范中形成以下规定：

1）吊车横向水平荷载标准值 T_H，应取横向小车重量与额定起重量之和并应乘以重力加速度及吊车横向水平荷载标准值的百分数 α（也称吊车横向水平荷载系数），其值可按公式（6.1.2-2）确定：

$$T_H = \alpha(Q + Q_1)g \qquad (6.1.2-2)$$

式中 T_H——每台吊车横向水平力标准值（kN）；

    Q——吊车的额定起重量（t）；

    Q_1——横行小车重量（t）；

    g——重力加速度（9.81m/s²）；

    α——吊车横向水平荷载标准值的百分数，按表6.1.2取用。

吊车横向水平荷载标准值的百分数 α 表6.1.2

吊车类型	额定起重量（t）	百分数 α（%）
软钩吊车	≤10	12
	16～50	10
	≥75	8
硬钩吊车	—	20

2）吊车横向水平荷载应等分于吊车桥架的两端，分别由轨道上的各车轮平均传至轨道，其方向与轨道垂直，并应考虑正反两个方向的刹车情况。此规定与欧美设计规范的相关规定相同。

以上规定沿用至今未作修改，经我国工程实践证明规范的规定合适。

为便于横向排架及吊车梁设计，以下针对不同类型、不同额定起重量的每台吊车，给出各车轮分担的吊车横向水平荷载标准值 H_K 的计算公式：

对额定起重量≤10t的软钩吊车：

$$H_K = T_H/4 = 0.03(Q + Q_1)g \qquad (6.1.2-3)$$

对额定起重量为16～50t的软钩吊车：

$$H_K = T_H/4 = 0.025(Q + Q_1)g \qquad (6.1.2-4)$$

对额定起重量≥75t的软钩吊车：

$$H_K = T_H/8 = 0.01(Q + Q_1)g \qquad (6.1.2-5)$$

对硬钩吊车当桥架每端有2个车轮时：

$$H_K = T_H/4 = 0.05(Q + Q_1)g \qquad (6.1.2-6)$$

此外，现行荷载规范沿用以往对某些吊车和起重设备的规定：手动吊车及电动葫芦可不考虑其水平荷载；悬挂吊车的水平荷载应由支撑系统承受，设计该支撑系统时尚应考虑风荷载与悬挂吊车水平荷载的组合。

6.2 多台吊车的组合

6.2.1 工业厂房排架结构计算考虑多台吊车的参与组合台数规定

设计单层工业厂房的排架结构时，考虑参与组合的吊车台数应根据所计算的结构构件可能同时产生效应的吊车台数确定。它主要取决于柱距大小和厂房的跨间数量，以及各吊车同时集聚在同一柱距范围内的可能性。根据实际观察，在同一跨度内，常见两台吊车同时集聚在同一柱距范围内以邻接距离运行的情况；但三台吊车以邻接距离运行情况却很罕见。由于通常厂房的柱距所限，可能产生效应影响的吊车也只有两台，因而现行荷载规范规定，对单层吊车的单跨厂房的每个排架设计时，最多考虑两台吊车参与组合。但是对单层吊车的多跨厂房的每个排架，由于在同一柱距内出现超过两台吊车的机会增加，并考虑到隔跨吊车对排架结构效应的影响减弱，为了计算上的方便，现行荷载规范沿用以往的规定，在计算吊车竖向荷载时，参与组合的吊车最多只考虑 4 台吊车。

对双层吊车的单跨厂房的每个排架，现行荷载规范新增规定宜按上层和下层吊车分别不多于两台参与组合；对双层吊车的多跨厂房的每个排架，新增规定宜按上层和下层吊车分别不多于 4 台参与组合，且当下层吊车满载时，上层吊车应按空载计算，上层吊车满载时，下层吊车不应计入。

此外现行荷载规范沿用原规范的规定：对单跨或多跨厂房的每个排架，在计算吊车的水平荷载时，参与组合的吊车台数不应多于两台。

以上规定内容是我国多年来工程实践的设计经验总结，证明规定内容比较合理、安全可靠。但必须强调指出当情况特殊时，参与组合的吊车数量应按实际情况考虑。

6.2.2 工业厂房排架结构计算考虑多台吊车参与组合时的吊车荷载折减

现行荷载规范除规定工业厂房排架结构计算时参与组合的吊车台数外，还考虑到吊车相遇时荷载的随机性及其概率影响，应对吊车荷载折减。这是考虑到由于多台吊车相遇时，各台吊车的荷载均达到额定起重量、且横行小车在吊车桥架上的位置、大车车轮在承重构件上的位置均恰好处于最不利状态的条件，此情况可能对排架结构产生最大效应发生的概率极小。根据调查，上述条件在实际情况中不可能发生。因而应对多台吊车的竖向荷载和水平荷载的标准值乘以折减系数。

关于多台吊车竖向和水平荷载标准值的折减系数，在编制《建筑结构设计统一标准》GBJ 68—84 时，曾在全国 3 个地区的 9 个机械加工、冲压、装配和铸造车间，对额定起重量为 2~50t 的轻、中、重级工作制（相当于工作级别为 A3~A8）的 57 台吊车做过运行中吊车竖向荷载的实测调查工作。根据所得资料统计分析，多台吊车竖向荷载标准值在组合时的折减系数有以下明显特点：

1) 多台吊车竖向荷载不可能同时都达到各自的最大值，应予以折减。折减的程度与吊车工作制等级或工作级别有关。当吊车工作制等效由轻级变化到重级时（即吊车工作级别由 A3 变化至 A7 时）折减程度由大变小。

2) 属于同一工作制或工作级别的吊车，竖向荷载的折减程度随额定起重量的增大而减少。

3) 同跨内的两台吊车和相邻两跨内的两台吊车，其竖向荷载折减情况相差不多，可以按同一类情况考虑。

但是由于工业建筑中吊车使用的情况复杂，很难进行准确概率规律的确定，只能从定性方面考虑应对多台吊车竖向荷载标准值折减。其折减系数在编制 GBJ 9—87 规范时，根据调查资料的分析并考虑国外规范的规定，提出了偏于保守的折减系数，其规定一直沿用至今，未作重大修改。仅在编制 GB 50009—2001 规范时，在参与组合的吊车数量上，插入了参与组合的吊车台数为 3 台的情况。因此现行荷载规范沿用原规范规定在计算排架时，多台吊车的竖向荷载标准值应乘以表 6.2.2 中的折减系数。

多台吊车的荷载折减系数   表 6.2.2

参与组合的吊车台数	吊车工作级别	
	A1～A5	A6～A8
2	0.90	0.95
3	0.85	0.90
4	0.80	0.85

应该指出上述折减系数是根据我国工业厂房的单层吊车的常用柱距情况作出的规定，当情况特殊时，尚应按实际情况考虑和确定。此外对吊车水平荷载标准值在计算排架时的折减系数也可按表 6.2.2 取用；对双层吊车的竖向和水平荷载标准值折减系数可以参考表 6.2.2 的规定取用。

6.3 吊车荷载的动力系数

6.3.1 吊车竖向荷载的动力系数

当计算吊车梁及其连接的承载力时，应考虑吊车竖向荷载的动力影响。根据调查资料，产生动力影响的主要原因是吊车轨道接头的高低不平、突然起吊工件或重物和吊车运行过程中工件翻转时的振动。从少量实测资料看出，动力系数都在 1.2 以内。TJ 9—74 规范规定对钢吊车梁的吊车动力系数取 1.1；对钢筋混凝土吊车梁的吊车动力系数按吊车工作制不同，轻级、中级、重级分别取 1.1、1.2、1.3。

编制 TJ 9—74 规范时，主要考虑到吊车荷载的分项系数统一按可变荷载分项系数取值后，相对于以往的设计而言偏大，会影响吊车梁的材料用量。在当时对吊车梁的实际动力特性不甚清楚的前提下，GBJ 9—87 规范参考国外规范规定：对悬挂吊车（包括电动葫芦）及轻级、中级工作制的软钩吊车，其动力系数可取 1.05；对重级工作制的软钩吊车、硬钩吊车和其他特种吊车，其动力系数可取 1.1。此规定执行多年以来，经我国工程实践证明能保证吊车梁的使用安全，因而编制 GB 50009—2001 规范时，仅将上述规定中的吊车工作制修改为相应的吊车工作级别。现行荷载规范沿用了此规定，即当计算吊车梁及其连接的承载力时，吊车竖向荷载应乘以动力系数。对悬挂吊车（包括电动葫芦）及工作级别 A1～A5 的软钩吊车，动力系数可取 1.05；对工作级别为 A6～A8 的软钩吊车、硬钩吊车和其他特种吊车，动力系数可取为 1.1。

应强调指出，吊车竖向荷载的动力系数仅在计算吊车梁及其连接的承载力时考虑，在其他情况下（如计算挠度、裂缝宽度等）均可不考虑吊车动力作用的影响。但《混凝土结构设计规范》GB 50010—2011 规定在验算预应力混凝土吊车梁的控制裂缝不出现条件时尚应考虑吊车动力作用的影响。

在苏联规范《荷载与作用》СНиП2.01.07-85 中规定当柱距不大于 12m 时，对工作制组别为 8k（大约相当于我国的 A8 级）的桥式吊车取 1.2，对工作制组别为 6k、7k（大约相当于我国的 A6、A7 级）的桥式吊车以及所有工作制组别的悬挂式吊车取 1.1，其规定与我国规范规定相近。

6.3.2 吊车横向水平荷载的动力系数

TJ 9—74 规范，规定在计算重级工作的吊车梁上翼缘及其制动结构的承载力（包括稳定性）以及连接的承载力时，吊车横向水平荷载应乘以动力系数。此规定主要是考虑这类吊车在实际运行过程中可能产生的水平卡轨力。产生卡轨力的原因是由于吊车轨道不直或吊车行驶时的歪斜。卡轨力的大小与吊车的制造、安装、调试和使用期间的维护管理等因素有关。特别是硬钩吊车，经常产生较大的卡轨力，会使轨道严重磨损，甚至造成吊车梁与柱的连接破坏。但是采用按吊车的横向水平制动力乘以动力系数的方法来确定卡轨力，在概念上不够清楚和恰当。鉴于对卡轨力产生的机理、传递方式以及在吊车正常使用条件下的统计规律还缺乏足够的认识，因此在未取得更为系统的实测资料以前，还不能建立合理的计算模型、给出明确的设计规定。因而自 GBJ 9—87 规范以来已将 TJ 9—74 规范中关于这个问题的规定从规范中撤销，改由各有关结构设计规范和技术标准根据自身特点自行规定。例如《钢结构设计规范》GB 50017—2003 第 3.2.2 条规定：计算重级工作制吊车梁（或吊车桁架）及其制动结构的承载力、稳定性以及连接（吊车梁或吊车桁架、制动结构、柱相互间的连接）的承载力时，应考虑由吊车摆动引起的横向水平力（此水平力不与荷载规范规定的吊车横向水平荷载同时考虑），作用于每个车轮处的横向水平力标准值 H_k 可由下式进行计算：

$$H_k = \alpha P_{k,\text{max}} \tag{6.3.2}$$

式中　$P_{k,\text{max}}$——吊车最大轮压标准值；

　　　α——系数，对一般软钩吊车 $\alpha=0.1$；抓斗或磁盘吊车宜采用 $\alpha=0.15$；硬钩吊车宜采用 $\alpha=0.2$。

6.4 吊车荷载的组合值、频遇值及准永久值

由于目前我国对吊车荷载的统计资料不够充分，不能严格按概率理论精确地确定其组合值、频遇值及准永久值，只能根据工程实践的经验，参考国外规范偏安全地规定。现行荷载规范规定其值可取表 6.4 中的规定系数，其中的组合值及准永久值系数自 GBJ 9—87 规范颁布以来未经修改，而频遇值系数则沿用原荷载规范的规定。

吊车荷载的组合值系数、频遇值系数及准永久值系数　　　　表 6.4

吊车工作级别		组合值系数 ψ_c	频遇值系数 ψ_f	准永久值系数 ψ_q
软钩吊车	工作级别 A1~A3	0.70	0.60	0.50
	工作级别 A4、A5	0.70	0.70	0.60
	工作级别 A6、A7	0.70	0.70	0.70
硬钩吊车及工作级别 A8 的软钩吊车		0.95	0.95	0.95

在正常使用条件下，处于工作状态的吊车很少会持续地停留在某一个位置上，因此厂房排架设计时，在荷载准永久组合中可不考虑吊车荷载；但在吊车梁按正常使用极限状态验算时，宜采用吊车荷载的准永久值。

6.5 例题

【例题 6-1】 跨度为 6m 的简支钢筋混凝土吊车梁，其钢筋为 HRB400 级、混凝土强度等级为 C30、计算跨度 $L_0=5.8m$，承受大连重工起重集团公司生产的 DHQD08 型通用软钩桥式吊车两台，吊车工作级别为 A5 级，吊车跨度 $S_c=16.5m$，吊车额定起重量为 5t。求计算吊车梁正截面受弯承载力时，由两台吊车竖向最大轮压产生的跨中最大弯矩设计值（考虑吊车动力系数 1.05）。

吊车主要技术数据见表 6.5.1。

吊车主要技术数据　　　　　　　　　　　　　　　　表 6.5.1

吊车额定起重量（t）	吊车最大轮压 P_{max} (kN)	吊车桥架最大宽度 B (m)	吊车轮距 W (m)
5	69.2	5.72	4.4

【解】 根据结构力学原理，跨中最大弯矩截面位置在离跨中 $X_0=a/2$ 距离的最大轮压作用点下方处，其中 a 为两台吊车的最大轮压合力点位置与较近最大轮压作用点间的距离。经试算表明，计算吊车梁正截面受弯承载力时的吊车竖向力标准值的位置如图 6.5.1 所示。

今吊车最大轮压设计值（考虑吊车动力效应及可变荷载分项系数 1.4）$P_{max}=69.2\times1.05\times1.4=101.72kN$；两台吊车的最大轮压合力 $R=2P_{max}$，其合力点位置在两轮压的中央。此合力位置与较近的吊车最大轮压距离 $a=0.5\times(5.72-4.4)=0.66m$。

跨中最大弯矩位置在距跨中 X_0 截面处：
$X_0=a/2=0.66/2=0.33m$

A 支座反力 $R_A=2.57\times2P_{max}/5.8=2.57\times2\times101.72/5.8=90.13kN$

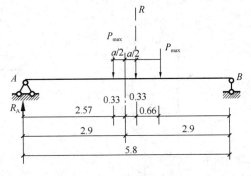

图 6.5.1　二台 5t 吊车产生跨中最大弯矩的吊车最大轮压位置

因此计算吊车梁正截面受弯承载力时由两台吊车最大轮压产生的跨中最大弯矩设计值 M_{max}：
$$M_{max}=2.57R_A=2.57\times90.13=231.63kN\cdot m$$

【例题 6-2】 某金工车间为单层单跨钢筋混凝土柱排架结构房屋，车间跨度为 18m，车间总长为 60m，柱间距为 6m。车间内安装有 2 台起重量 10t，工作级别为 A5 级由大连重工起重集团公司生产的 DHQD08 通用软钩桥式吊车，吊车跨度 $S_c=16.5m$。车间的平剖面如图 6.5.2-1 所示。牛腿处尺寸见图 6.5.2-2。

吊车主要技术数据见表 6.5.2。

吊车主要技术数据　　　　　　　　　　　　　　　　表 6.5.2

吊车额定起重量（t）	吊车最大轮压 P_{max} (kN)	最小轮压 P_{min} (kN)	吊车桥架最大宽度 B (m)	吊车轮距 W (m)
10	102.7	54.9	6.0	4.0

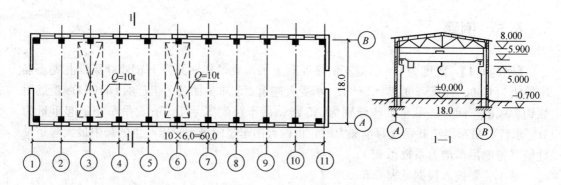

图 6.5.2-1　车间平面及剖面（单位：m）

求：1）横向排架计算时轴线⑥排架柱 A 支承吊车梁的牛腿处由 2 台吊车最大轮压产生的最大垂直力标准值 D_{max}；

2）横向排架计算时轴线⑥排架柱 B 支承吊车梁的牛腿处由 2 台吊车最小轮压长生的最小垂直力标准值 D_{min}。

【解】　计算轴线⑥横向排架时，由两台吊车的最大轮压经吊车梁传至排架柱 A 牛腿处的最大垂直力标准值 D_{max} 可根据结构力学的影响线理论求得。见图 6.5.2-3，并考虑两台吊车参与组合的折减系数取 0.9。

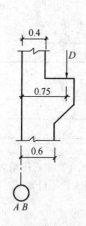

图 6.5.2-2　柱牛腿处尺寸
（单位：m）

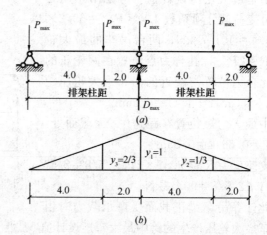

图 6.5.2-3　两台吊车最大轮压产生的轴线⑥排架柱 A
牛腿支承吊车梁处最大垂直力 D_{max}

（a）两台吊车产生 D_{max} 时的位置；（b）牛腿处最大垂直力 D_{max} 的影响线

$$D_{max} = 0.9P_{max} \sum y_i = 0.9 \times 102.7 \times (1 + 1/3 + 2/3) = 184.9\text{kN}$$

对作用在柱 B 的 D_{min} 可参照求 D_{max} 的方法确定如下：

$$D_{min} = 0.9P_{min} \sum y_i = 0.9 \times 54.9 \times (1 + 1/3 + 2/3/) = 98.8\text{kN}$$

因此作用于轴线⑥横向排架的吊车垂直荷载计算简图见图 6.5.2-4。

【例题 6-3】　条件同例题 6-2，已知吊车的横向小车重 $Q_1 = 2.5\text{t}$。求轴线⑥的横向排架由两台吊车横向水平荷载标准值产生的作用在轨道顶面（距牛腿顶面 0.9m）并与轨道垂直的最大水平力标准值及绘制该工况下排架的计算简图。

【解】 每台吊车的横向水平荷载 T_H 按公式（6.1.2-2）确定：

$$T_H = 0.12(Q + Q_1)g = 0.12 \times (10 + 2.5) \times 9.8 = 14.7\text{kN}$$

作用在每个车轮上的横向水平荷载标准值 $H_K = 1/4 \times 14.7 = 3.68\text{kN}$

利用例题 6-2 中确定 D_{max} 的影响线；考虑两台吊车参与组合，因此作用在排架柱 A 及柱 B 上的由两台吊车横向水平荷载标准值产生的最大水平力标准值 F 可求得如下：

$$F = 0.9 \times H \times \sum y_i = 0.9 \times 3.68 \times (1 + 1/3 + 2/3) = 6.6\text{kN}(\leftrightarrows)$$

轴线⑥横向排架在两台吊车横向水平荷载作用下的计算简图如图 6.5-3 所示。

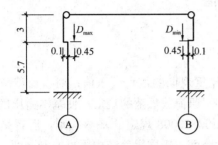

图 6.5.2-4 吊车垂直荷载作用下的
排架计算简图（单位：m）

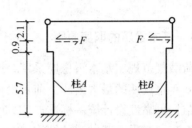

图 6.5.3 吊车横向水平荷载
作用下的排架计算简图（单位：m）

【例 6-4】 条件同例题 6-2，其纵向排架支撑布置如图 6.5.4 所示，每台吊车在桥架两端各有一个刹车轮，求在两台吊车参与组合时沿厂房轴线 A 或 B 的纵向排架上由两台吊车产生的最大纵向水平力标准值 $T_{L.max}$。

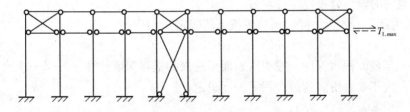

图 6.5.4 纵向柱间支撑布置示意图

【解】 由于有两台吊车参与组合，吊车荷载的折减系数为 0.9；此外沿轴线 A 或 B 作用在一边轨道上全部的刹车轮共 2 个，因此作用在纵向排架上的由两台吊车产生的纵向最大水平力标准值 $T_{L.max}$ 根据公式（6.1.2-1）可求得如下：

由表 6.5.2 知吊车最大轮压 $P_{max} = 102.7\text{kN}$，

$$T_{L.max} = 0.9 \times 0.1 \times \sum P_{max} = 0.9 \times 0.1 \times 2 \times 102.7 = 18.5\text{kN}(\leftrightarrows)$$

第7章 雪 荷 载

7.1 基本雪压及雪荷载标准值

7.1.1 基本雪压的取值原则

现行荷载规范规定基本雪压应采用 50 年重现期的最大雪压值；对雪荷载敏感的结构应采用 100 年重现期的最大雪压。前者沿用了原荷载规范的规定，使基本雪压确定方法符合《工程结构可靠性设计统一标准》GB 50153—2008 规定的基本准则，后者是新修订的内容，它提高了对雪荷载敏感的结构（如大跨度、轻质屋盖结构等）的安全度。修订原因是考虑到近年来极端气候及灾难性天气不断出现，造成一些对雪荷载敏感结构的倒塌或破坏，因而有必要在设计上采取措施提高其安全度，避免工程事故发生。

按现行荷载规范规定，基本雪压应在符合下列要求的场地情况下，观察并收集该场地每年的最大雪压（年最大雪压）资料：

1) 观察及收集雪压的场地应空旷平坦；

2) 场地内的积雪分布应保持均匀。

年最大雪压 s（单位为 kN/m²）应按下式确定：

$$s = h\rho g \tag{7.1.1-1}$$

式中 h——年最大积雪深度，按积雪表面至地面的垂直深度计算（m），以每年 7 月份至次年 6 月份间的最大积雪深度确定；

ρ——积雪密度（t/m³）；

g——重力加速度，其取值 9.8m/s²。

由于我国大部分气象台（站）收集的资料是年最大雪深数据，缺乏相应完整的积雪密度数据，因此在计算年最大雪压时，积雪密度按各地的平均积雪密度取值，对东北及新疆北部地区取 0.15t/m³；对华北及西北地区取 0.13t/m³，但其中青海取 0.12t/m³；对淮河及秦岭以南地区一般取 0.15t/m³，其中江西、浙江取 0.2t/m³。

以年最大雪压为样本，经统计得出 50 年一遇（或 50 年重现期）的最大雪压即为当地的基本雪压。

统计分析时现行荷载规范认为，雪压的年最大值的统计样本分布符合极值 I 型概率分布，其分布函数应为：

$$F(x) = \exp\{-\exp[-\alpha(x-u)]\} \tag{7.1.1-2}$$

$$\alpha = 1.28255/\sigma \tag{7.1.1-3}$$

$$u = \mu - 0.57722/\alpha \tag{7.1.1-4}$$

式中 x ——年最大雪压样本；

α——分布的尺度参数；

u——分布的位置参数，即其分布的众值；

σ——样本的标准值；

μ——样本的平均值。

当由有限个样本 n 的平均值 $\bar{x}$ 和标准值差 σ_1 作为 μ 和 σ 的近似估计时，分布参数 u 和 α 应按下列公式计算：

$$\alpha = C_1/\sigma_1 \tag{7.1.1-5}$$

$$u = \bar{x} - C_2/\alpha \tag{7.1.1-6}$$

式中 C_1、C_2——系数，按表 7.1.1 采用。

系数 C_1 和 C_2 表 7.1.1

n	C_1	C_2	n	C_1	C_2
10	0.9497	0.4952	60	1.17465	0.55208
15	1.02057	0.5182	70	1.18536	0.55477
20	1.06283	0.52355	80	1.19385	0.55688
25	1.09145	0.53086	90	1.20649	0.5586
30	1.11238	0.53622	100	1.20649	0.56002
35	1.12847	0.54034	250	1.24292	0.56878
40	1.14132	0.54362	500	1.2588	0.57240
45	1.15185	0.54630	1000	1.26851	0.57450
50	1.16066	0.54853	∞	1.28255	0.57722

现行荷载规范为便于设计应用，在附录 E 中列出了全国各城市重现期为 10 年、50 年、100 年的最大雪压值和全国基本雪压分布图。对重现期为 R 年的最大雪压可按下式确定：

$$x_R = u - \frac{1}{\alpha} \ln\left[\ln\left(\frac{R}{R-1}\right)\right] \tag{7.1.1-7}$$

当已知重现期为 10 年及 100 年的最大雪压时，对其他重现期为 R 年的相应最大雪压值可按下式确定：

$$x_R = x_{10} + (x_{100} - x_{10})(\ln R/\ln 10 - 1) \tag{7.1.1-8}$$

7.1.2 雪荷载标准值

现行荷载规范规定：屋面水平投影面上的雪荷载标准值应按下式计算：

$$s_k = \mu_r s_0 \tag{7.1.2}$$

式中 s_k——雪荷载标准值（kN/m²）；

μ_r——屋面积雪分布系数（见现行荷载规范表 7.2.1）；

s_0——基本雪压（对雪荷载敏感的结构应采用 100 年重现期的最大雪压）。

当城市或建设地点的基本雪压在现行荷载规范的附录 E 的表 E.5 中没有给出时，应根据当地年最大雪压或雪深资料按基本雪压定义和本章 7.1.1 节的统计方法经计算确定，并应考虑样本数量的影响。若当地没有年最大雪压和雪深资料时，可根据附近地区规定的基本雪压或长期资料，通过气象和地形条件的对比分析确定，也可比照现行规范附录 E 中图 E.6.1 全国基本雪压分布图近似确定。

对山区的雪荷载应通过实际调查确定。当无实测资料时，可按当地邻近空旷平坦地面的雪荷载值乘以 1.2 采用。必须指出由于我国对山区雪荷载的研究还很少，这种乘以最大系数 1.2 的处理方法比较粗糙，因此设计者应认真实际调查后确定建设地点在山区的雪压设计值。

7.2 屋面积雪分布系数修订内容

屋面积雪分布系数是指屋面水平投影面积上的雪荷载 s_h 与基本雪压 s_0 的比值。实际上它就是将地面基本雪压换算为屋面雪荷载的系数。其值与屋面形式、朝向及风力等因素有关。

以往我国荷载规范中的屋面积雪分布系数主要是根据我国的工程设计经验，并参考国际标准 ISO 4355 及其他国外有关资料确定，对屋面积雪分布仅概括地规定了 8 种典型屋面积雪分布系数。但是由于我国近年来极端气候和灾难性天气的频繁出现，发生了一些由于屋面积雪过大原因造成的工程事故，因而现行荷载规范在总结这些工程教训的基础上，有必要对部分屋面积雪分布系数 μ_r 进行修订，其主要修订内容如下：

7.2.1 坡屋面积雪分布系数

原荷载规范规定：坡屋面当屋面坡度角 α（屋面与水平面间的夹角）大于 50°时，屋面积雪分布系数 $\mu_r = 0$，即 $\alpha \geq 50°$ 时认为屋面不会积雪。但现行荷载规范根据我国近期的试验资料并参考欧洲荷载规范，将坡屋面不会积雪的最小坡度 α 修订为 60°，即 $\alpha \geq 60°$ 时，$\mu_r = 0$（见图 7.2.1-1 及图 7.2.1-2）；由于原荷载规范规定 $\alpha \leq 25°$ 时 $\mu_r = 1$，因此现行荷载规范对屋面坡度角 α 在 25°～60°之间的屋面积雪分布系数均比原荷载规范有所提高，见表 7.2.1。并规定对单跨双坡屋面仅当坡度 α 在 20°～30°范围时，可采用不均匀积雪分布情况。

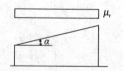

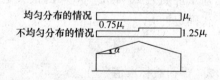

图 7.2.1-1 单跨单坡屋面积雪分布系数　　图 7.2.1-2 单跨双坡屋面积雪分布系数

坡屋面的积雪分布系数 μ_r　　　　　　　　表 7.2.1

α	$\leq 25°$	$30°$	$35°$	$40°$	$45°$	$50°$	$55°$	$60°$
μ_r	1.0	0.85	0.70	0.55	0.40	0.25	0.10	0

7.2.2 拱形屋面积雪分布系数

原荷载规范对拱形屋面只给出均匀分布情况的屋面积雪分布系数，此积雪分布系数与矢跨比有关，即 $\mu_r = l/(8f)$（其中 l 为跨度，f 为矢高），μ_r 的取值不大于 1.0 也不小于 0.4。且积雪范围为屋面切线角小于和等于 50°时（见上述规范表 7.2.1）。

现行荷载规范根据对拱形屋面实际积雪分布的调查观测，这类屋面由于风对雪的飘积作用存在不均匀分布积雪情况，并在屋脊两侧的迎风面和背风面均有分布，其最大峰值出现在有积雪范围内（屋面切线角为小于 60°或等于 60°）的背风面中间处，迎风面的峰值大约是背风面最大峰值的 50%。此外最大峰值分布系数 $\mu_{r,m}$ 应按公式 $\mu_{r,m} = 0.2 + 10f/l$ 确定，且 $\mu_{r,m}$ 值应 $\leqslant 0.2$（图 7.2.2）。现行荷载规范修订的不均匀积雪分布系数值与欧洲规范相当。

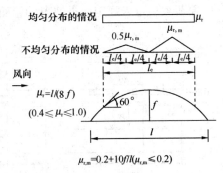

图 7.2.2　拱形屋面积雪分布系数

7.2.3　多跨单坡屋面（锯齿形屋面）

现行荷载规范根据实际工程调查的情况表明，在这类屋面的较低处其积雪分布有类似高低跨衔接处的积雪情况，因而应在原荷载规范规定的基础上，补充此情况的不均匀积雪分布情况（即图 7.2.3 中的情况 2），其中 μ_r 可按本书表 7.2.1 取值。

7.2.4　双跨双坡或拱形屋面积雪分布系数

原荷载规范只考虑了一种不均匀分布的积雪情况（即图 7.2.4 中的不均匀分布情况 1），而实际上在双跨双坡屋面的连接处及相邻部位，有可能形成另一种不均匀分布的情况（即图 7.2.4 中的不均匀分布情况 2），必须在设计中考虑，因而现行规范进行了修订。此外，尚应在设计中注意，当屋面坡度 α 不大于 25°或 f/l 不大于 0.1 时，只采用均匀分布情况。

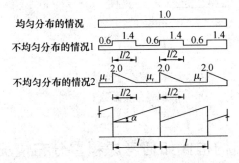

图 7.2.3　多跨单坡屋面积雪分布系数

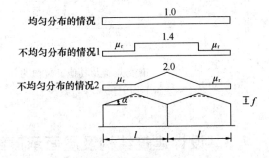

图 7.2.4　双跨双坡或拱形屋面积雪分布系数

7.2.5　高低屋面的积雪分布系数

自 GBJ 9—87 规范颁布以来对高低屋面积雪分布规定只考虑了一种不均匀分布情况（即图 7.2.5 中的情况 2），但实际上高低屋面处由于风的作用和积雪滑移使该处的飘积雪呈三角形分布（即图 7.2.5 中情况 1），因而现行规范增加此分布情况。

7.2.6 有女儿墙及其他突起物的屋面积雪分布系数

原荷载规范未规定此类情况的屋面积雪分布系数，但在许多实际工程中（如门式刚架轻型钢结构房屋等）均设有女儿墙，且不少情况下女儿墙的高度较高。根据调查在女儿墙附近由于女儿墙的挡风作用使积雪情况分布不均匀，当女儿墙较高时会使该处轻屋面发生严重变形，甚至引起屋面构件破坏情况，因而有必要增加这类屋面的积雪不均匀分布情况。现行荷载规范参考国外规范并结合我国实际情况规定见图7.2.6。其中 $\mu_{r,m}$ 的各参数：h 以 m 计；s_0 为基本雪压（kN/m^2），但当用于对雪荷载敏感的房屋时应采用重现期为 100 年的雪压；1.5 为系数，其单位为 kN/m^3。

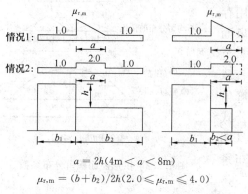

$$a = 2h(4m < a < 8m)$$
$$\mu_{r,m} = (b+b_2)/2h(2.0 \leqslant \mu_{r,m} \leqslant 4.0)$$

图 7.2.5　高低屋面的不均匀积雪分布系数

7.2.7 大跨度屋面（跨度 $l > 100m$）

大跨度结构是近年来许多公共建筑常用的结构形式（如大跨度钢网架等）。原荷载规范未规定此类结构的屋面积雪分布情况，因而现行荷载规范有必要补充其规定（见图7.2.7）。此外，除按图7.2.7考虑屋面积雪不均匀分布外，尚应根据大跨度屋面的外形实际情况同时考虑图7.2.1-2或图7.2.2的屋面积雪分布。

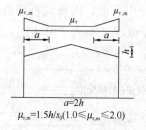

$$a=2h$$
$$\mu_{r,m}=1.5h/s_0(1.0 \leqslant \mu_{r,m} \leqslant 2.0)$$

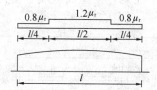

图7.2.6　有女儿墙及其他突起物的屋面不均匀积雪分布系数

图7.2.7　大跨度屋面（跨度 $l > 100m$）的积雪分布系数

7.3 设计建筑结构及屋面承重结构构件如何考虑积雪分布情况

现行荷载规范沿用 GBJ 9—87 以来的规定，在设计建筑结构及屋面的承重结构时，可按下列规定采用积雪的分布情况：

1) 屋面板檩条按屋面积雪不均匀分布的最不利情况采用；

2) 屋架和拱壳可分别按积雪全跨均匀分布情况、不均匀分布的情况和半跨均匀分布的情况采用；

3) 框架和柱可按积雪全跨的均匀分布情况采用。

设计人员在执行上述规定时，应注意以下事项：

1）屋面板和檩条的雪荷载应按现行荷载规范新规定的屋面最不利积雪不均匀分布系数确定。与原荷载规范相比较，对拱形屋面、多跨单坡屋面（锯齿形屋面）、高低屋面、有女儿墙及其他突起物的屋面，以及大跨屋面的屋面板和檩条构件，由于这些类别的屋面积雪不均匀分布系数增大，因而屋面板和檩条构件的雪荷载均比以往有所增加。

2）由于屋面不均匀积雪分布的情况比原规范增多，因而设计屋架和拱壳时应分别按积雪全跨均匀分布情况、不均匀分布情况和半跨均匀分布的情况，选择各设计截面的最不利雪荷载效应与作用在屋架和拱壳上的其他荷载进行效应组合。设计人员应注意现行荷载规范还规定（见规范的表 7.2.1 注）：对单跨双坡屋面仅当坡度在 $20°\sim30°$ 范围内可采用不均匀分布情况；对双跨双坡或拱形屋面，当坡度 $\alpha\leqslant25°$ 或 f/l 不大于 0.1 时，只采用均匀分布情况。此外根据我国工程设计的经验和习惯，设计屋架和拱架时应考虑半跨均匀分布积雪的情况，此经验和习惯设计人员必须重视。

3）对不上人的屋面且屋面无积灰荷载时，不上人的屋面均布活荷载可不与雪荷载和风荷载同时组合。对上人屋面则应考虑屋面活荷载与雪荷载同时参与组合。

4）现行荷载规范未考虑屋面温度对积雪的影响，因而对冬季采暖房屋的屋面积雪一般比非采暖房屋小，原因是采暖房屋的屋面散热后使积雪融化，也使雪滑移更易发生。对冬季采暖的坡屋面房屋，在其檐口处通常无采暖措施，会导致融化后的雪水常会在檐口处冻结为冰棱及冰坝，使屋面排水堵塞，出现外溢现象，或产生对结构不利的荷载。为防止此类情况发生，结构设计人员应与建筑专业相配合，增大屋面冬季的排水能力。

5）对雪荷载敏感的结构应采用 100 年重现期的雪压。

7.4 例题

【例题 7-1】 某工程所在地为现行荷载规范附录 E 表 E.5 中未明确基本雪压的新城市，工程地处平原地区，但该地区的气象站已观测有连续 10 年的年最大雪压数据，根据其数据计算出平均值 $\bar{x}$ 为 0.27kN/m^2，标准差 σ_1 为 0.05kN/m^2，试问如何利用以上数据估算确定该地区 50 年一遇的基本雪压。

【解】 查本书表 7.1.1，当有限样本数量为 10 时，参数 $C_1=0.9497$，$C_2=0.4952$
代入公式（7.1.1-5）、公式（7.1.1-6）求得：

$$\alpha=\frac{C_1}{\sigma_1}=\frac{0.9497}{0.05}=18.994$$

$$u=\bar{x}-\frac{C_2}{\alpha}=0.27-\frac{0.4952}{18.994}=0.2439$$

代入公式（7.1.1-7）估算该地区 50 年一遇的基本雪压

$$s_0=u-\frac{1}{\alpha}\ln\left[\ln\left(\frac{R}{R-1}\right)\right]=0.2439-\frac{1}{18.994}\ln\left[\ln\left(\frac{50}{50-1}\right)\right]$$

$$=0.2439+0.2054=0.4493\text{kN/m}^2$$

设计时可取 $s_0=0.45\text{kN/m}^2$。

【例题 7-2】 某工程为双跨双坡屋面，屋面坡度 α 为 $26°34'$（图 7.4.2），檩条计算跨度 3.9m，檩条沿水平方向的间距为 1.5m，该地区基本雪压 0.45kN/m^2，求设计檩条时，作用在檩条上由屋面积雪荷载产生的沿檩条跨度的均布线荷载标准值。

【解】 由于屋面坡度 α 大于 25°，因此檩条的积雪荷载应按不均匀分布的最不利情况考虑。查现行荷载规范表 7.2.1 项次 7，（即本章图 7.2.4）最不利不均匀分布系数应取 2.0。

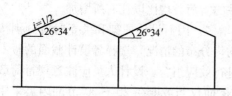

图 7.4.2 双跨双坡屋面房屋示意图

计算檩条时屋面水平投影面上最不利的雪荷载标准值 s_k：

$$s_k = 2s_0 = 2 \times 0.45 = 0.9 \text{kN/m}^2$$

檩条沿水平方向的间距为 1.5m，因此沿檩条跨度由雪荷载产生的最不利均布线荷载标准值 q_{ks}：

$$q_{ks} = 1.5 \times 0.9 = 1.35 \text{ kN/m}$$

【例题 7-3】 某高低屋面房屋（图 7.4.3-1），其低跨屋面为现浇钢筋混凝土单向屋面板，跨度 5.4m，当地的基本雪压为 0.5kN/m²，求设计高低屋面相接处低跨屋面板最不利的雪荷载标准值。

【解】 低跨屋面板在高低屋面相接处的最不利雪荷载，应按现行规范表 7.2.1 项次 8 确定（即本章图 7.2.5）。

由于高跨房屋长度大于低跨房屋长度，屋面高差 $h=3$m，因此应按规范表 7.2.1 项次 8 中情况 1（即本章图 7.2.5 情况 1）确定最大积雪分布系数 $\mu_{r,m}$。

$\mu_{r,m} = (b_1 + b_2)/2h = (9+12)/(2 \times 3) = 3.16$ 其值大于 2.0，小于 4.0（可）不均匀积雪分布宽度 $a = 2h = 2 \times 3 = 6$m。

因此设计高低跨相接处低跨屋面板最不利的积雪荷载标准值 s_{ksm}（图 7.4.3-2）：

$$s_{ksm} = \mu_{r,m}s_0 = 3.16 \times 0.5 = 1.58 \text{kN/m}^2$$

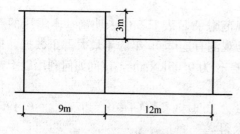

图 7.4.3-1 高低屋面房屋剖面图

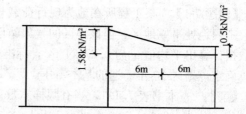

图 7.4.3-2 高低屋面处最不利积雪荷载标准值

【例题 7-4】 某带女儿墙的单跨门式刚架轻型钢结构房屋（图 7.4.4-1），其屋面为轻质板材，檩条为冷弯薄壁 C 形型钢，设计时采用当地 100 年重现期的雪压 $s_0 = 0.8$kN/m²，试求在女儿墙下端处时屋面最大不均匀积雪荷载标准值及此情况下屋面雪荷载标准值的分布。

【解】 查现行荷载规范表 7.2.1 项次 9（即本章图 7.2.6），女儿墙下端处的屋面最大不均匀积雪荷载标准值：

$$\mu_{r,m} = 1.5h/s_0 = 1.5 \times 3/0.8 = 5.625 > 2 \text{ 因此取 2}$$

$$s_{ksm} = \mu_{r,m}s_0 = 2 \times s_0 = 2 \times 0.8 = 1.6 \text{kN/m}^2$$

$$a = 2h = 2 \times 3.8 = 7.2 \text{m}$$

均匀积雪范围内的雪荷载标准值 $s_k=\mu_r s_0=1\times0.8=0.8kN/m^2$，屋面雪荷载标准值的分布如图 7.4.4-2 所示。

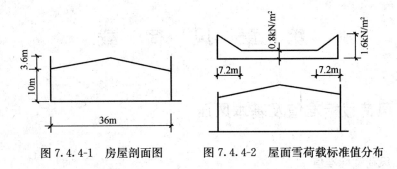

图 7.4.4-1　房屋剖面图　　图 7.4.4-2　屋面雪荷载标准值分布

第8章 风 荷 载

8.1 风荷载标准值及基本风压

8.1.1 风荷载标准值

风荷载是作用在建筑结构上的一种重要的可变荷载，特别是对于某些建筑物（如高层建筑、风敏感性房屋或结构物）则是一种主要的可变荷载。现行荷载规范规定垂直于建筑物表面上的风荷载标准值，应按下列规定确定：

1）计算主要受力结构时：

$$w_k = \beta_z \mu_s \mu_z w_0 \tag{8.1.1-1}$$

式中　　w_k——风荷载标准值（kN/m^2）；

β_z——高度 z 处的风振系数；

μ_s——风荷载体型系数；

μ_z——风压高度变化系数；

w_0——基本风压（kN/m^2）。

2）计算围护结构时：

$$w_k = \beta_{gz} \mu_{sl} \mu_z w_0 \tag{8.1.1-2}$$

式中　　β_{gz}——高度 z 度的阵风系数；

μ_{sl}——风荷载局部体型系数。

上述公式（8.1.1-1）及公式（8.1.1-2）的基本系数大致相同，但也有区别。其主要区别是：①由于围护结构在一般情况下其刚性较大，因而可不考虑结构自身振动对风荷载的影响，在计算其风荷载时采用的阵风系数只和风的脉动特性有关；②计算围护结构风荷载时采用的是风荷载局部体型系数，强调风压的局部特性；而计算主要受力结构采用的风荷载系数则是风荷载体型系数，它反映了建筑结构表面大范围面积上的风压整体的平均值。

8.1.2 基本风压

不同的风速作用在建筑物表面引起的风压也不同，为了按照统一的标准对各地区的风速进行统计，得出该地区的基本风速，进而确定基本风压以便于工程应用。现行荷载规范沿用原荷载规范的规定，对基本风压规定按以下条件确定：

1）测定风速处的地貌要求平坦且空旷（一般应远离城市中心），通常以当地气象台、站或机场作为观测点；

2）在距地面 10m 的高度处测定风速；

3）以时距 10min 的平均风速作为统计风速的基本数据；

4）在风速基本数据中，取每年的最大风速作为一个统计样本；

5）历年最大风速的概率分布曲线采用极值Ⅰ型。

在求得 50 年一遇的最大风速后，按下式确定基本风压：

$$w_0 = \frac{1}{2}\rho v_0^2 \tag{8.1.2-1}$$

式中　w_0——基本风压（kN/m^2）；

　　　ρ——空气密度（kg/m^3），理论上它与空气温度和气压有关，其值可根据所在地的海拔高度 Z（m）按公式 $\rho = 1.25e^{-0.0001Z}$ 近似估算；

　　　v_0——重现期为 50 年的最大风速（m/s）。

当缺乏空气密度的资料时，可假定海拔高度 z 为 0m，而取 $\rho = 1.25kg/m^3$，此时公式（8.1.2-1）可改写为：

$$w_0 = \frac{1}{1600}v_0^2 \tag{8.1.2-2}$$

近年来随着城市建设的迅速发展，国内不少气象站已不能满足原来规定的标准地貌条件要求，造成观测数据发生非气象因素的系统偏移，使观测到的最大风速逐年下降，影响基本风速的统计，为消除地貌改变的影响，可将在这类非标准地貌下获得的风速基本数据，按下式将其转换为标准地貌的风速基本数据后再进行统计：

$$v = \frac{v_{10}}{\sqrt{\mu_H}}\left(\frac{10}{H}\right)^{-\alpha} \tag{8.1.2-3}$$

式中　v——经换算后所得标准地貌情况的 10m 高度处时距 10min 平均风速的统计基本数据（m/s）；

　　　v_{10}——非标准地貌情况 10m 高度处的时距 10min 平均风速的基本数据（m/s）；

　　　μ_H——梯度风高度的风压高度变化系数，现行荷载规范规定该值取 2.91；

　　　H——气象台站实际地貌的梯度风高度（m）；

　　　α——气象台站实际地貌的地面粗糙度指数。

当无法准确判断气象台站地貌时，一般采用较早年份的风速数据进行统计，以保证不会低估基本风速值。

在进行最大风速的概率分布统计时，现行荷载规范沿用 GBJ 9—87 的方法，采用极值Ⅰ型分布函数，见本书第 7 章公式（7.1.1-2）、公式（7.1.1-3）、公式（7.1.1-4）。当年最大风速的统计样本为有限个数量时，应按本书第 7 章公式（7.1.1-5）、公式（7.1.1-6）确定分布函数中的参数，并按公式（7.1.1-7）确定重现期为 R 年（R 年一遇）的最大风压。

应该指出现行荷载规范对基本风压的规定是取重现期为 50 年的最大风压值，它相当于在年最大风速概率分布曲线上取概率为 98% 的分位值，也即风速的年超越概率为 2%。此外年最大风速的统计平均时距取 10min，与欧洲、日本、俄罗斯等国家相同（美国、澳大利亚按时距为 3s 统计、加拿大则按 1 小时），但在涉外工程中常遇到年最大风速的统计时距与我国不相同的情况，为进行比较应将不同于我国标准的统计时距的平均风速换算成时距为 10min 的平均风速。其换算系数与风速大小、风气候类型等因素有关。现行荷载规范编制组认为大致可按美国结构工程师协会 2005 年的标准 ASCE7-05 给出的建议值进行调整换算（图 8.1.2）。

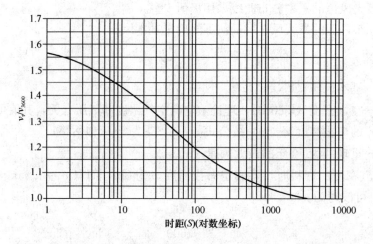

图 8.1.2　t 秒时距平均最大风速与 1 小时时距平均最大风速的比值

现行荷载规范为便于设计应用，在其附录 E 中表 E.5 列出了全国各城市重现期为 10 年、50 年、100 年的最大风压值（其中重现期为 50 年的值即基本风压）和全国基本风压分布图。当城市或建设地点的基本风压值在上述表 E.5 中没有给出时，基本风压值应根据当地年最大风速资料和基本风压的定义，通过统计分析方法确定（见本书 7.1 节），分析时应考虑样本数量的影响。当地没有风速资料时，可根据附近地区规定的基本风压或长期资料通过气象和地形条件的对比分析确定；也可比照现行荷载附录 E 中的附图 E.6.3 全国基本风压分布图近似确定。

现行荷载规范规定基本风压的最小值应取 0.3kN/m²。对高层建筑、高耸结构以及对风荷载敏感的其他结构，基本风压的取值应适当提高。根据现行的《高层建筑混凝土结构技术规程》JGJ 3—2010 第 4.2.2 条强制性条文规定：对风荷载比较敏感的高层建筑，承载力设计时应按基本风压的 1.1 倍采用。并在条文说明中指出：对风荷载是否敏感，主要与高层建筑的体型、结构体系和自振特性有关，目前尚无实用的划分标准。一般情况下，对房屋高度大于 60m 的高层建筑，在承载力设计时风荷载计算可按基本风压的 1.1 倍采用；其他情况风荷载取值是否提高，可由设计人员根据实际情况确定。

8.2　风压高度变化系数修订内容

风是由于太阳对地球大气加热不均匀而引起，地球表面的不均匀性（如丘陵和海洋、山岭和平原等）对大气运动产生阻力，使大气靠近地面的风速减慢，在距离地表一定高度范围内形成大气边界层，在大气边界层内风速随高度增加，其顶部的风速通常称为梯度风速，而在大气边界层外，风基本上是沿等压线以梯度风速流动。

由于地球地貌的不同，大气边界层的厚度和气流统计参数根据地貌具体情况而变化，现行荷载规范沿用原荷载规范的规定，将地貌按地面粗糙度分为 A、B、C、D 四类：A 类为近海海面和海岛、海岸、湖岸及沙漠地区；B 类为田野、乡村、丛林、丘陵以及房屋比较稀疏的乡镇；C 类为有密集建筑群的城市市区；D 类为有密集建筑群且房屋较高的城市市区。现行荷载规范规定的基本风压是根据标准地貌（平坦、空旷）距地面 10m 高度处的风速资料确定，因此在计算其他地貌及其他高度的风压时，需考虑不同的风压高度变化系数。

根据研究成果，我国自 GBJ 9—87 以来的荷载规范均采用指数规律描述平均风速沿高度的变化情况，即风速剖面表达公式（8.2-1）：

$$v_z = v_{10}\left(\frac{z}{10}\right)^{\alpha} \tag{8.2-1}$$

式中　v_z——距地面高度 z（m）处的平均风速（m/s）；

　　　v_{10}——距地面高度 10m 处的平均风速（m/s）；

　　　α——风速剖面指数，其值与地面粗糙度类别有关。

与原荷载规范相比较现行荷载规范考虑到我国城市发展的实际情况和适应工程建设的需要，适当提高了 C、D 两类地面糙度类别的梯度风高度，即由原荷载规范的 400m 修订为 450m 和 550m；此外还将 B 类地面粗糙类别的风速剖面指数 α 由原荷载规范的 0.16 修订为 0.15，适当降低了标准场地的平均风荷载。

根据地面粗糙度指数及梯度风高度，即可得出风压高度变化系数如下：

A 类地貌：$\mu_z^{A} = 1.284\left(\frac{z}{10}\right)^{0.24}$；

B 类地貌：$\mu_z^{B} = 1.000\left(\frac{z}{10}\right)^{0.30}$；

C 类地貌：$\mu_z^{C} = 0.544\left(\frac{z}{10}\right)^{0.44}$；

D 类地貌：$\mu_z^{D} = 0.262\left(\frac{z}{10}\right)^{0.60}$。

现行荷载规范沿用原荷载规范的规定，针对 4 类地貌，风压高度变化系数分别规定了各自的截断高度，即认为在截断高度范围以下的风压高度变化系数取定值，以考虑在距地面一定高度范围内风速的不确定性。对应于 A、B、C、D 类地貌，各自的截断高度分别取 5m、10m、15m 和 30m，但相应于截断高度内的风压高度变化系数分别改取 1.09、1.00、0.65 和 0.51。

由于在确定位于城区建设地点的风荷载时，较难对地面粗糙度指数进行实测，目前只有部分地方荷载规范对该城区地貌有明确分类，但当设计无明确资料依据时，现行荷载规范在第 8.2.1 条的条文说明中指出可按下述原则近似确定：

1）以拟建房 2km 为半径的迎风半圆影响范围内的房屋高度和密集度来区分粗糙度类别，风向原则上应以该地区最大风的风向为准，但也可取其主导风；

2）以半圆影响范围内建筑物的平均高度 $\bar{h}$ 来划分地面粗糙度类别，$\bar{h} \geqslant 18\text{m}$ 为 D 类，$9\text{m} < \bar{h} < 18\text{m}$ 为 C 类，$\bar{h} \leqslant 9\text{m}$ 为 B 类；

3）影响范围内不同高度的面域可按下述原则确定，即每座建筑物向外延伸距离为其高度的面域内均为该高度，当不同高度的面域重叠相交时，交叠部分的高度取大者；

4）平均高度 $\bar{h}$ 取各面域面积为权数计算。

现行荷载规范修订后的风压高度变化系数见表 8.2-1。

风压高度变化系数

表 8.2-1

离地面或海平面高度 (m)	地面粗糙度类别			
	A	B	C	D
5	1.09	1.00	0.65	0.51
10	1.28	1.00	0.65	0.51
15	1.42	1.13	0.65	0.51
20	1.52	1.23	0.74	0.51
30	1.67	1.39	0.88	0.51
40	1.79	1.52	1.00	0.60
50	1.89	1.62	1.10	0.69
60	1.97	1.71	1.20	0.77
70	2.05	1.79	1.28	0.84
80	2.12	1.89	1.36	0.91
90	2.18	1.93	1.43	0.98
100	2.23	2.00	1.50	1.04
150	2.46	2.25	1.79	1.33
200	2.64	2.46	2.03	1.58
250	2.78	2.63	2.24	1.81
300	2.91	2.77	2.43	2.02
350	2.91	2.91	2.60	2.22
400	2.91	2.91	2.76	2.40
450	2.91	2.91	2.91	2.58
500	2.91	2.91	2.91	2.74
≥550	2.91	2.91	2.91	2.91

由表 8.2-1 可看出与原荷载规范表 7.2.1 相比较，总体上看来各类地面粗糙度的风压高度变化系数的比原荷载规范稍低。

关于地形条件对风压高度变化系数的影响规定（即有关山区建筑物的风压高度变化系数确定的规定），现行荷载规范基本上与原规范相同。仅山峰修正系数计算公式中的系数 κ 由 3.2 修改为 2.2，原因是原荷载规范的山峰修正系数在 z/H 较小的情况下与日本、欧洲等国外规范相比偏大，修正的结果偏于保守。修订后的规定如下：对山区的建筑物，风压高度变化系数除可按平坦地面的粗糙度类别由表 8.2-1 确定外，还应考虑地形条件的修正。修正系数 η 应按下列规定采用：

1) 对山峰和山坡修正系数（图 8.2）：

① 顶部 B 处的修正系数可按下式计算：

$$\eta_B = \left[1 + \kappa \tan\alpha \left(1 - \frac{z}{2.5H}\right)\right]^2 \tag{8.2-2}$$

式中　$\tan\alpha$——山峰或山坡在迎风面一侧坡度角 α 的正切，当 $\tan\alpha$ 值大于 0.3 时，取 0.3（相当于 $\alpha > 16.7°$ 时）；

　　　κ——系数，对山峰取 2.2；对山坡取 1.4；

H——山顶或山坡全高(m);

　　z——建筑物计算位置离建筑物地面的高度(m)，当 $z>2.5H$ 时，取 $z=2.5H$。

　　② 其他部位的修正系数，可按图 8.2 所示，取 A、C 处的修正系数 η_A、η_C 为 1，AB 间和 BC 间的修正系按 η 的线性插值确定。

　　2)对山间盆地、谷底等闭塞地形，η 可在 0.75～0.85 选取。

　　3)对与风向一致的谷口、山口 η 可在 1.20～1.50 选取。

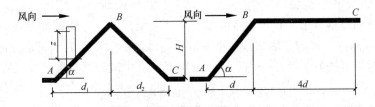

图 8.2　山峰和山坡的示意图

　　公式(8.2-2)的实质是考虑山峰和山坡顶部的风速比相应平地上高度 H 处的风速增加客观情况，因而有必要进行增大顶部 B 处的风压高度变化系数。根据中国电力科学研究院和湖南大学风洞试验研究中心于 2012 年的模拟试验研究证实，该公式在大多数情况下偏于安全。

　　应该指出：上述规定仅是针对简单的山区地形条件给出的风压高度变化系数的修正系数。其规定是依据加拿大、澳大利亚和英国的相关规范，以及欧洲钢结构协会 ECCS 的规定作出。但是由于地形对风荷载的影响是较为复杂的问题，因而设计人员在实际工程中当进行山区建筑物风荷载计算时，应注意公式的使用条件；对于比规范规定更为复杂情况下的计算，可根据相关资料或专门研究取值。

　　对远洋海面和海岛的建筑物或构筑物，风压高度变化系数除可按 A 类粗糙度类别确定外，还应考虑乘以表 8.2-2 给出的修正系数 η。

远海海面和海岛的修正系数 η　　　　　　　　　　表 8.2-2

距海岸距离(km)	η
<40	1.0
40～60	1.0～1.1
>60～100	1.1～1.2

8.3　风荷载体型系数修订内容

　　风荷载体型系数是指风作用在建筑物表面一定面积范围内所引起的平均压力或平均吸力与来流风的速度压的比值，主要与建筑物的体型和尺度、周围环境和地面粗糙度类别等因素有关。由于它涉及关于固体与流体相互作用的流体动力学问题，较难给出理论上的解析值，特别是不规则的建筑物的风荷载体型系数问题尤为复杂，一般均应由试验确定其值。

　　现行荷载规范规定：在确定主要受力结构风荷载时，应采用适用于结构整体性能的风荷载体型系数，并在其表 8.3.1 中列出了 39 项不同类型的建筑物和结构体型及其相应的风荷载体型系数。该表中所列的系数都是根据国内外的试验资料和国外规范中的建议性规定整理而成。当建筑物体型与该表中体型类同时可参考应用。与荷载原规范相比较，现行荷载规范保留了 38 项原表 7.3.1 中的规定，仅增加了第 31 项高度超过 45m 的矩形截面高层建筑的内容（见表 8.3），它考虑了平面外形深宽比 D/B 对背风面体型系数的影响，当 $D/B \leqslant 1.0$ 时，背风面的风荷载体型系数由 -0.5 增加到 -0.6，因而对此类高层建筑的整体风荷载体型系数也由 1.3 增加到 1.4，可提高风荷载效应的 8%。由于规范表 8.3.1 中的建筑物类型有限，且未包括体型复杂的类型，因此对体型复杂而且重要的房屋和构筑物应由风洞试验确定其风荷载体型系数；当体型不太复杂但不同于现行荷载规范表 8.3.1 的类型时，可按有关资料采用；当无资料时，宜由风洞试验确定。

现行荷载规范增加的风荷载体型系数 表 8.3

项 次	类 别	体型及局部体型系数 μ_s					备 注
31	高度超过 45m 的矩形截面高层建筑						
		D/B	$\leqslant 1$	1.2	2	$\geqslant 4$	
		μ_{s1}	-0.6	-0.5	-0.4	-0.3	
		μ_{s2}	-0.7				

现行荷载规范根据我国城市建设发展情况的实际需要和大量进行试验研究的成果，增加了当多个建筑物、特别是群集的高层建筑相互间距较近时，宜考虑风力相互干扰的群体效应规定。此规定主要目的是解决由于风的旋涡作用引起的相互干扰，致使建筑物某些部位的风荷载体型系数显著增大的问题。

对这类群集高层建筑一般可将单独建筑物的风荷载体型系数 μ_s 乘以相互干扰系数。相互干扰系数可按下列规定确定：

1）对矩形平面高层建筑，当单个施扰建筑与受扰建筑高度相近时，根据施扰建筑的位置，对顺风向风荷载可在 1.00～1.10 范围内选取，对横风向风荷载可在 1.00～1.20 范围内选取；

2）其他情况可比照类似条件的风洞试验资料确定，必要时宜根据实际工程情况通过风洞试验确定。

从以上规定可看出：

1）相互干扰系数是受扰后与未受扰的该高层建筑风荷载比值；2）相互干扰系数的具体规定是针对矩形平面的群集高层建筑且单个施扰建筑与受扰建筑高度相近时的情况，对其他平面情况及两者高度相差较多情况是否合适应由设计人员根据实际工程情况自行判断；3）相互干扰系数的取值不小于 1.0，即不考虑群集高层建筑受风时遮挡效应中可能发生的有利影响；4）群集建筑中相互干扰是较复杂的风荷载问题，必要时宜通过风洞试验确定相互干扰系数;5)现行荷载规范在条文中未明确如何根据施扰建筑与受扰建筑的距离关系确定相互干扰系数,但在现行荷载规范的第8.3.2条的条文说明中列举了建筑高度相同的单个施扰建筑的顺风向和横风向风荷载相互干扰系数的研究成果(见图8.3-1和图8.3-2),图中假定风向是由左向右,b为受扰建筑的迎风面宽度,x和y分别为施扰建筑离受扰建筑的纵向和横向距离。图8.3-3列出了建筑高度相同的两个施扰建筑的顺风向风荷载相互干扰系数的研究成果,图中l为两个施扰建筑A和B的中心连线,取值时l时不得和l_1、l_2相交;此外图中给出的是两个施扰建筑联合作用时的最不利情况,当这两个建筑都不在图中所示区域时,应按单个施扰建筑情况处理,并依照图8.3-1选取较大的相互干扰系数。以上研究成果可供设计人员参考。

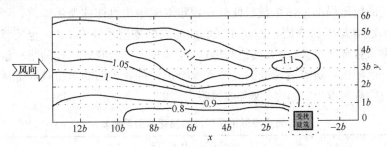

图 8.3-1　单个施扰建筑作用的顺风向风荷载相互干扰系数

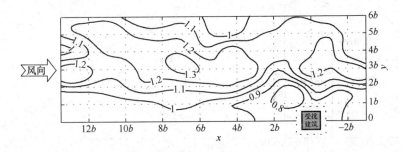

图 8.3-2　单个施扰建筑作用的横风向风荷载相互干扰系数

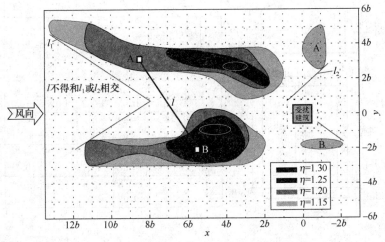

图 8.3-3　两个施扰建筑作用的顺风向荷载相互干扰系数

8.4 风荷载局部体型系数与内压系数修订

当计算玻璃幕墙、檩条等围护构件及其连接的风荷载时，所承受的是较小受风面积范围内的风荷载，若直接采用用于计算主要受力结构的风荷载体型系数，将得出偏小的风荷载值，因此现行荷载规范规定在计算围护结构构件的风荷载时，应采用局部体型系数。

原荷载规范对局部体型系数仅给出了较笼统的规定，而现行荷载规范根据试验研究成果和参考国外规范规定细化了局部体型系数的规定，补充了封闭式双坡屋面和单坡屋面矩形平面房屋墙面及屋面分区域的局部体型系数(表 8.4)，反映了建筑物围护结构各不同部位位置处不同的风压局部整体系数。此外还规定对未给出具体体型的建筑，可按主要受力结构的体型系数增大 25% 取值，以使迎风墙面的局部体型系数为 1.0，也使背风墙面的风吸力局部体型系数有所增大(增大其绝对值)，此项规定符合我国以往的工程设计经验。对檐口、雨篷、遮阳板、房屋边棱处的装饰条等突出构件背风面的风荷载局部体型系数仍沿用原荷载规范的规定取 −2.0，即仅考虑风吸力影响。

封闭式矩形平面房屋的局部体型系数 μ_{sl} 　　　　　　表 8.4

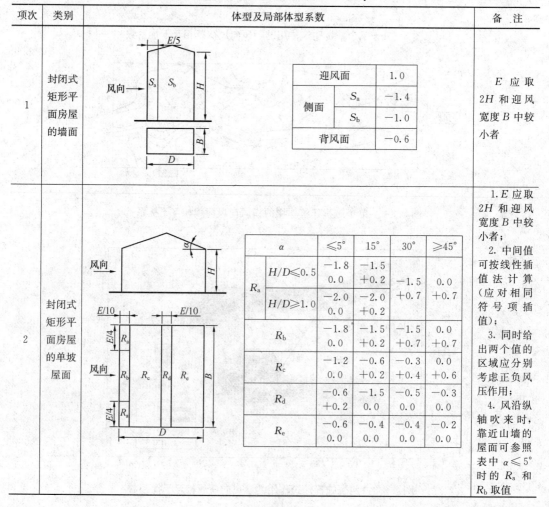

项次	类别	体型及局部体型系数		备 注
1	封闭式矩形平面房屋的墙面		迎风面	1.0	E 应取 $2H$ 和迎风宽度 B 中较小者
			侧面 S_a	−1.4	
			侧面 S_b	−1.0	
			背风面	−0.6	

项次	类别	体型及局部体型系数					备 注
2	封闭式矩形平面房屋的单坡屋面		α	≤5°	15°	30°	≥45°	1. E 应取 $2H$ 和迎风宽度 B 中较小者; 2. 中间值可按线性插值法计算(应对相同符号项插值); 3. 同时给出两个值的区域应分别考虑正负风压作用; 4. 风沿纵轴吹来时，靠近山墙的屋面可参照表中 $\alpha \leq 5°$ 时的 R_a 和 R_b 取值
		R_a	$H/D \leq 0.5$	−1.8 / 0.0	−1.5 / +0.2	−1.5 / +0.7	0.0 / +0.7	
			$H/D \geq 1.0$	−2.0 / 0.0	−2.0 / +0.2			
		R_b		−1.8 / 0.0	−1.5 / +0.2	−1.5 / +0.7	0.0 / +0.7	
		R_c		−1.2 / 0.0	−0.6 / +0.2	−0.3 / +0.4	0.0 / +0.6	
		R_d		−0.6 / +0.2	−1.5 / 0.0	−0.5 / 0.0	−0.3 / 0.0	
		R_e		−0.6 / 0.0	−0.4 / 0.0	−0.4 / 0.0	−0.2 / 0.0	

项次	类别	体型及局部体型系数	备 注
3	封闭式矩形平面房屋的单坡屋面	 表中： | α	$\leqslant 5°$	$15°$	$30°$	$\geqslant 45°$
---	---	---	---	---
R_a	-2.0	-2.5	-2.3	-1.2
R_b	-2.0	-2.0	-1.5	-0.5
R_c	-1.2	-1.2	-0.8	-0.5		1. E 应取 $2H$ 和迎风宽度 B 的较小者； 2. 中间值可按线性插值法计算； 3. 迎风坡面可参考第2项取值

对于封闭式房屋由于门窗处总有不同程度的缝隙，以及机械通风等因素，使迎风面和背风面不但在外表面承受风压力和风吸力，其内表面也会有压力和吸力作用。封闭式房屋的外表面风压力和吸力主要受体型的影响，而房屋内表面在风荷载作用下的内部压力和吸力影响因素更为复杂，包括外表面的透风率、内部结构等。根据研究成果，当仅考虑房屋迎风面和背风面有开口（如敞开的门窗洞口）时

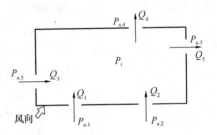

图 8.4 多开口房屋入流与出流

（图 8.4，图中 p_{ei} 为开口 i 处的风压值，Q_1、Q_2、Q_3 为流入风量，Q_4、Q_5 为流出风量），根据房屋内部流入风量应当等于流出的风量关系，内部风压体型系数值可由公式(8.4-1)确定：

$$\mu_{sl} = \frac{\mu_{sw}}{1 + \left(\dfrac{A_L}{A_w}\right)^2} + \frac{\mu_{sL}}{1 + \left(\dfrac{A_w}{A_L}\right)^2} \tag{8.4-1}$$

式中 μ_{sl} ——内部压力局部体型系数；

μ_{sw} ——迎风面体型系数；

μ_{sL} ——背风面体型系数；

A_w ——迎风面的开口面积；

A_L ——背风面的开口面积。

当迎风面和背风面的开口面积相等时，可得出内部压力局部体型系数约为0.15；当为门窗不敞开（只考虑其仅有透气功能的封闭式房屋）时，房屋内部风压力局部体型系数通常在-0.2～0.2之间，此值也是原荷载规范规定的数值。因此现行荷载规范明确规定对封闭式房屋，按其外表面风压的正负情况内部局压体型系数取-0.2或0.2。

对于有洞口面积较大且大风期间也不关闭主导洞口的房屋，内部压力的局部体型系数与开口处的风压体型系数值直接相关。现行荷载规范参考国外规范和相关文献的研究成

果，对仅一面墙有主导洞口的房屋内部压力局部体型系数作出以下规定：

1）仅一面墙有主导洞口的房屋当其开洞率（即单个主导洞口面积与该墙面全部面积之比）大于 0.02 且小于或等于 0.10 时，取 0.4μ_{sl}，当其开洞大于 0.10 且小于或等于 0.30 时，取 0.6μ_{sl}；当开洞率大于 0.30 时，取 0.80μ_{sl}，其中局压体型系数 μ_{sl} 应取主导洞口对应位置处的值；

2）其他情况应按开放式房屋的 μ_{sl} 取值（即可根据现行荷载规范表 8.3.1 中项次 26、27、28 取 μ_{sl}）；

3）对更为复杂的情况应通过风洞试验确定内部风压体型系数。

现行荷载规范规定，计算非直接承受风荷载的围护构件风荷载时，局部体型系数 μ_{sl} 可按构件的从属面积折减，折减系数按下列规定取值：

1）当从属面积不大于 1m² 时：折减系数取 1.0；

2）当从属屋面不大于 25m² 时：对墙面折减系数取 0.8；对局部体型系数绝对值大于 1.0 的屋面区域折减系数取 0.6，对其他屋面区域折减系数取 1.0；

3）当从属面积大于 1m² 小于 25m² 时：对墙面和绝对值大于 1.0 的屋面局部体型系数可采用对数插值，即按下式计算局部体型系数：

$$\mu_{sl}(A) = \mu_{sl}(1) + [\mu_{sl}(25) - \mu_{sl}(1)]\log A/1.4 \qquad (8.4\text{-}2)$$

式中　$\mu_{sl}(A)$——从属面积为 A 非直接承受风荷载的围护构件风荷载局部体型系数；

　　　$\mu_{sl}(1)$——从属面积为 1m² 时该非直接承受风荷载的围护构件风荷载局部体型系数；

　　　$\mu_{sl}(25)$——从属面积为 25m² 时该非直接承受风荷载的围护构件风荷载局部体型系数。

以上规定考虑了风压在空间分布的严重不均匀性，尤其在风压值很高的区域压力梯度很大（例如离屋面边角区域当距离增大时，负风压显著减弱），因而应考虑按构件的从属面积折减。现行荷载规范根据国内一些风洞试验结果的资料并参考国外规范对原规范的折减系数进行了调整，调整内容主要包括：

1）将非直接承受风荷载的围护构件的最大从属面积由 10m² 调整到 25m²。对风压梯度很大的区域，围护构件从属面积越大，相应的折减系数越小。实际工程中的某些非直接承受风荷载的围护构件，其从属面积可能会超过 10m²，因而有必要提高最大从属面积的限值以适应工程需要。

2）按照风压的不同特性，规定按从属面积值对风荷载局部体型系数进行折减。墙面的风压分布与屋面相比，前者的梯度较小，因而维持在最大从属面积时，墙面的折减系数取 0.8，而屋面的风压则较为特殊，在边角区域负压很强（局部体型系数的绝对值常大于 1.0），但风压值的梯度也很大，考虑此情况对这些区域的屋面折减系数可取 0.6；而对屋面负压局部体型系数绝对值小于 1.0 的区域，该处的压力梯度较小，因此现行荷载规范不予折减。

3）将从属面积折减的使用范围只限定在"非直接承受风荷载的围护构件"。对直接承受风荷载的构件如各种材料制成幕墙的墙面板、屋面板，即使其单块板的面积较大，但局部的强大风压也可能导致其局部损毁，进而改变表面风压分布造成连续性损坏。近年来一些工程中的屋面板由于风致破坏时有发生，其原因与此有关，因此现行荷载规范规定直接承受风荷载的这类构件，不考虑面积折减的影响，以保证其安全性。

8.5 阵风系数 β_{gz} 修订

由于风的脉动性，因此作用在建筑物表面围护结构构件上的风压同样具有脉动性。图 8.5 给出一段典型的作用在某不大面积上风压的时程曲线。依据此时程曲线可得出风压的平均值、最大值、最小值，其中平均值与当地基本风压的比值即相当于规范中的体型系数。采用体型系数直接计算出的风压是平均风压，但是将它直接作为计算作用在围护结构上的风压标准值显然不合适，因为它没有采用具有一定保证率的极值风压，使围护结构的风压偏小，造成不够安全。此极值风压可表达如下：

$$\hat{p} = \beta_{\mathrm{gz}} \, \overline{p} \tag{8.5-1}$$

式中：$\hat{p}$ ——作用在围护结构构件上的极值风压（最大或最小风压）；

$\overline{p}$ ——作用在围护结构构件上的平均风压；

β_{gz} ——阵风系数。

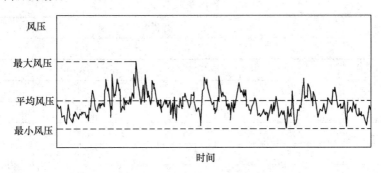

图 8.5 典型的风压时程曲线

为了确定阵风系数，应考虑到由于围护结构构件一般情况下刚性较大，因而在结构效应中可不计算风荷载的共振分量。由此通常假定作用在围护结构构件上风压与来流风的风压同步脉动，即认为风荷载体型系数不随时间变化。进而应用流体力学原理推导出公式 (8.5-2)：

$$\beta_{\mathrm{gz}} = \frac{\hat{p}}{\overline{p}} = 1 + 2 \, g_{\mathrm{t}} \, I_{\mathrm{u}}(z) \tag{8.5-2}$$

式中 g_{t} ——峰值因子，其值取决于预定风压的保证率，取值越大则保证率越高，现行荷载规范综合考虑我国荷载规范的历史经验和工程建设的实际情况，将其取为 2.5；

$I_{\mathrm{u}}(z)$ ——围护结构构件不同高度处的湍流度（它被定义为风速的均方根与平均风速的比值，可反映空气流动紊乱的程度），其值与地貌、高度、风速大小、风气候类型等因素有关。

现行荷载规范对沿围护结构构件不同高度处的湍流度取值为 $I_{\mathrm{u}}(z) = I_{10} \left(\frac{z}{10} \right)^{-\alpha}$，式中

α 为不同地貌类别情况的地面粗糙度指数，对应于 A、B、C、D 地貌，其值为 0.12、0.15、0.22、0.30；I_{10} 为不同地貌距地面 10m 高度处的名义湍流度，对应于 A、B、C、D 四类地貌其值分别取 0.12、0.14、0.23、0.39。由于近地面风的不确定性较高，湍流度沿高度的变化也和风压高度变化系数一样，也规定相同的截止高度，对四类地貌截止高度分别为 5m、10m、15m、30m，也即阵风系数分别不大于 1.65、1.70、2.05 和 2.40，调整后的阵风系数与原规范相比有变化，来流风的极值速度压（阵风系数乘以高度变化系数）与原荷载规范相比降低约 5%～10%。

计算围护结构的风荷载时原荷载规范明确规定只在幕墙结构计算时考虑阵风系数 β_{gz}，显然这一规定在理论上不够完善，因此现行荷载规范修订后规定不再区分幕墙结构和其他围护结构，全部围护结构均需考虑 β_{gz}。此项修订将引起其他围护结构的风荷载明显增加（见表 8.5），这是考虑到近年来极端天气和气候的不断出现导致轻型围护结构发生由于风荷载增大导致破坏事故增多的现象，适当加大其风荷载。但根据试算结果，对低矮房屋中非直接承受风荷载的围护构件（如檩条等）的风荷载标准值的取值影响不大（由于其最小局部体型系数由 -2.2 修改为 -1.8 及按从属面积的折减系数降低等原因）。

阵风系数 β_{gz} 表 8.5

离地面高度（m）	地面粗糙度类别			
	A	B	C	D
5	1.65	1.70	2.05	2.40
10	1.60	1.70	2.05	2.40
15	1.57	1.66	2.05	2.40
20	1.55	1.63	1.99	2.40
30	1.53	1.59	1.90	2.40
40	1.51	1.57	1.85	2.29
50	1.49	1.55	1.81	2.20
60	1.48	1.54	1.78	2.14
70	1.48	1.52	1.75	2.09
80	1.47	1.51	1.73	2.04
90	1.46	1.50	1.71	2.01
100	1.46	1.50	1.69	1.98
150	1.43	1.47	1.63	1.87
200	1.42	1.45	1.59	1.79
250	1.41	1.43	1.57	1.74
300	1.40	1.42	1.54	1.70
350	1.40	1.41	1.53	1.67
400	1.40	1.41	1.51	1.64
450	1.40	1.41	1.50	1.62
500	1.40	1.41	1.50	1.60
550	1.40	1.41	1.50	1.59

8.6 顺风向风振系数修订

由于风压（或风荷载）的脉动对结构发生顺风向的振动，而且结构的振动在一定情况下与风压（或风荷载）之间还会产生相互耦合作用，因此应考虑风压脉动对结构顺风向风振的影响。但当结构振动幅度不大且处于线弹性范围时，结构和风压（或风荷载）之间的耦合作用可以忽略不计，此时可将风荷载对结构的作用视为一种理想的动力荷载作用。为了解决风荷载对处于线弹性范围的结构在上述情况下对结构的影响问题，现行荷载规范考虑到由于风荷载具有复杂的随机性，以及实际工程中建筑结构的多样性和复杂性，因而顺风向风振影响问题较复杂，由于随机振动力作用下随机振动问题，目前仅能对一些较简单情况采用解析方法、简化计算模型及近似手段求解其影响。解决的方法是在计算主要受力结构时，采用本章公式（8.1.1-1）计算垂直于建筑物表面上的顺风向风荷载标准值。其中高度 z 处的风振系数即反映风压脉动对结构顺风向振动的影响，此系数可表征作用在结构上总的风荷载与平均风荷载的比值。此外现行荷载规范还规定了应考虑风压脉动对结构发生顺风向振动影响的范围为：

1）高度大于 30m 且高宽比大于 1.5 的高层建筑；

2）基本周期大于 0.25s 的各种高耸结构；

3）对风荷载敏感或跨度大于 36m 的柔性屋盖结构（包括质量轻、刚度小的索膜结构）。

对上述第 1、2 项范围的规定，是根据风的卓越周期一般在 20s 左右，当结构自振周期愈接近风的卓越周期时，风振对结构的影响就会越显著的原理，对各种建筑结构的实际情况而作出的规定。大部分电视塔、烟囱、输电塔等高耸结构的自振周期在 1～20s 之间，因此顺风向风振的影响最显著，而高层建筑的自振周期常在 0.5～10s 之间，风振的影响次之，高度在 5 层左右的住宅建筑其自振周期大都在 0.1～0.5s 之间，风振的影响已很微弱。此外根据理论分析，对第 1、2 项范围内的建筑结构，其顺风向的风振影响可只考虑第 1 振型的影响。

对上述第 3 项范围内的屋盖结构规范规定宜依据风洞试验结果按随机振动理论计算确定风压脉动对结构产生风振的影响。这项规定是现行荷载规范新增加的内容，但没有给出具体的一般性计算方法。由于屋盖结构的风振响应和其等效静力风荷载计算是很复杂的问题，目前比较一致的观点是，屋盖结构不宜采用与高层建筑和高耸结构相同的风振系数方法，原因是高层建筑和高耸结构风振系数的计算模型不能直接用于计算屋盖结构。屋盖结构的脉动风压除和风速脉动有关外，还和流动分离、再附、旋涡脱落等复杂流动现象有关，此外屋盖结构多阶模态和模态耦合效应比较明显，难以简单采用风振系数方法来解决风振影响问题。

现行荷载规范对计算高度大于 30m 且高宽比大于 1.5 的高层建筑、基本周期大于 0.25s 的各种高耸结构的主要受力结构时，垂直于建筑物表面上的顺风向的风荷载标准值所采用的风振系数按下列公式确定：

$$\beta_z = 1 + 2g I_{10} B_z \sqrt{1 + R^2} \tag{8.6-1}$$

式中 β_z——建筑物或高耸结构距地面距离 z（m）高度处的风振系数；

g ——峰值因子，可取 2.5；

I_{10} ——距地面 10m 高度处的名义湍流强度，对应于 A、B、C 和 D 类地面粗糙度，可分别取 0.12、0.14、0.23 和 0.39；

R ——脉动风荷载的共振分量因子，按公式（8.6-2）确定；

B_z ——脉动风荷载的背景分量因子，按公式（8.6-4）确定。

公式（8.6-1）中脉动风荷载的共振分量因子可按下列公式计算：

$$R = \sqrt{\frac{\pi}{6\zeta_1} \frac{x_1^2}{(1+x_1^2)^{4/3}}} \tag{8.6-2}$$

$$x_1 = \frac{30f_1}{\sqrt{k_w w_0}}, \ x_1 > 5 \tag{8.6-3}$$

式中 f_1 ——结构第一振型的自振频率（Hz）；

k_w ——地面粗糙度修正系数，对 A 类、B 类、C 类和 D 类地面粗糙度分别取 1.28、1.0、0.54 和 0.26；

ζ_1 ——结构阻尼比，对钢结构可取 0.01，对有填充墙的钢结构房屋可取 0.02，对钢筋混凝土及砌体结构可取 0.05，对其他结构可根据工程经验确定。

公式（8.6-1）中脉动风荷载的背景分量因子可按下列规定确定：

1) 对体型和质量沿高度均匀分布的高层建筑和高耸结构，可按下式计算：

$$B_z = k H^{a_1} \rho_x \rho_z \frac{\phi_1(z)}{\mu_z} \tag{8.6-4}$$

式中 $\phi_1(z)$ ——结构第 1 阶振型系数；

H ——结构总高度（m），对 A、B、C 和 D 类地面粗糙度，H 的取值分别不应大于 300m、350m、450m 和 550m；

ρ_x ——脉动风荷载水平方向相关系数；

ρ_z ——脉动风荷载竖直方向相关系数；

k 及 a_1 ——系数，按表 8.6-1 取值。

系数 k 及 a_1　　　　　　　　　　表 8.6-1

粗糙度类别		A	B	C	D
高层建筑	k	0.944	0.670	0.295	0.112
	a_1	0.155	0.187	0.261	0.346
高耸结构	k	1.276	0.910	0.404	0.155
	a_1	0.186	0.218	0.292	0.376

2) 对迎风面和侧风面的宽度沿高度按直线或接近直线变化，而质量沿高度按连接规律变化的高耸结构，公式（8.6-4）计算的脉动风荷载的背景分量因子 B_z 应乘以修正系数 θ_B 和 θ_v，θ_B 为高耸结构在 z 高度处的迎风面宽度 $B(z)$ 与底部宽度 $B(0)$ 的比值；θ_v 可按表 8.6-2 确定。

$B(H)/B(0)$	1	0.9	0.8	0.7	0.6	0.5	0.4	0.3	0.2	≤0.1
θ_v	1.00	1.10	1.20	1.32	1.50	1.75	2.08	2.53	3.30	5.60

公式（8.6-4）中脉动风荷载的空间相关系数可按下列规定确定：

对脉动风荷载竖直方向的相关系数可按下式计算：

$$\rho_z = \frac{10\sqrt{H + 60\,\mathrm{e}^{\frac{H}{60}} - 60}}{H} \tag{8.6-5}$$

式中 H——结构总高度（m），对 A、B、C 和 D 类地面粗糙度，取值分别不应大于
300m、350m、450m 和 550m。

为便于设计，ρ_z 可按表 8.6-3 确定。

脉动风荷载竖直方向的相关系数ρ_z 表 8.6-3

H (m)	30	40	50	60	70	80	90	100	150
ρ_z	0.8426	0.8218	0.8019	0.7830	0.7649	0.7481	0.7319	0.7165	0.6495

对脉动风荷载水平方向相关系数可按下式计算：

$$\rho_x = \frac{10\sqrt{B + 50\,\mathrm{e}^{\frac{-B}{50}} - 50}}{B} \tag{8.6-6}$$

式中 B——结构迎风面宽度（m），且 $B \leqslant 2H$；对迎风面宽度较小的高耸结构，水平方
向相关系数可取 1.0。

为便于设计，ρ_x 可按表 8.6-4 确定。

脉动风荷载水平方向的相关系数ρ_x 表 8.6-4

B (m)	15	20	25	30	35	40	50	60	70
ρ_x	0.9522	0.9374	0.9230	0.9092	0.8958	0.8826	0.8578	0.8343	0.8123

公式（8.6-4）中的振型系数应根据结构动力学计算确定。对外形、质量、刚度沿高
度按连续规律变化的竖向悬臂型高耸结构及沿高度比较均匀的高层建筑，振型系数 $\phi_1(z)$
也可根据相对高度 z/H 按表 8.6-5 确定结构振型系数的近似值；对迎风面宽度较大的高
层建筑，当剪力墙和框架均起主要作用时，其振型系数可按表 8.6-5 采用。

高层建筑的振型系数 表 8.6-5

相对高度 z/H	振 型 序 号			
	1	2	3	4
0.1	0.02	−0.09	0.22	−0.38
0.2	0.08	−0.30	0.58	−0.73
0.3	0.17	−0.50	0.70	−0.40
0.4	0.27	−0.68	0.46	0.33
0.5	0.38	−0.63	−0.03	0.68
0.6	0.45	−0.48	−0.49	0.29

相对高度	振 型 序 号			
z/H	1	2	3	4
0.7	0.67	−0.18	−0.63	−0.47
0.8	0.74	0.17	−0.34	−0.62
0.9	0.86	0.58	0.27	−0.02
1.0	1.00	1.00	1.00	1.00

对迎风面远小于其高度的高耸结构其振型系数可按表8.6-6采用。

高耸结构的振型系数 表 8.6-6

相对高度	振 型 序 号			
z/H	1	2	3	4
0.1	0.02	−0.09	0.23	−0.39
0.2	0.06	−0.30	0.61	−0.75
0.3	0.14	−0.53	0.76	−0.43
0.4	0.23	−0.68	0.53	0.32
0.5	0.34	−0.71	0.02	0.71
0.6	0.46	−0.59	−0.48	0.33
0.7	0.59	−0.32	−0.66	−0.40
0.8	0.79	0.07	−0.40	−0.64
0.9	0.86	0.52	0.23	−0.05
1.0	1.00	1.00	1.00	1.00

对截面沿高度规律变化的高耸结构，其第1振型系数可按表8.6-7采用。

高耸结构的第1振型系数 表 8.6-7

相对高度	高 耸 结 构				
z/H	$B_H/B_0=1.0$	0.8	0.6	0.4	0.2
0.1	0.02	0.02	0.01	0.01	0.01
0.2	0.06	0.06	0.05	0.04	0.03
0.3	0.14	0.12	0.11	0.09	0.07
0.4	0.23	0.21	0.19	0.16	0.13
0.5	0.34	0.32	0.29	0.26	0.21
0.6	0.46	0.44	0.41	0.37	0.31
0.7	0.59	0.57	0.55	0.51	0.45
0.8	0.79	0.71	0.69	0.66	0.61
0.9	0.86	0.86	0.85	0.83	0.80
1.0	1.00	1.00	1.00	1.00	1.00

注：表中 B_H、B_0 分别为结构顶部和底部的宽度。

与原荷载规范相比较，现行荷载规范的风振系数计算公式表达形式上有所不同，但根据理论推导，将原荷载规范风振系数按现行荷载规范符号表达，则原荷载规范风振系数公式可表达为：

$$\beta_z = 1 + \frac{\rho_v \varphi_z}{M_z} = 1 + \frac{0.5 \times 35^{1.8(\alpha-0.16)}}{2g I_{10}} (2g\, I_{10}\, B_z \sqrt{1 + R_1^2}) \qquad (8.6\text{-}7)$$

从上式可看出，相对于原荷载规范，现行荷载规范公式表达的区别在于系数 $\dfrac{0.5 \times 35^{1.8(\alpha-0.16)}}{2g I_{10}}$。由现行荷载规范的公式可看出，两者在原则上基本相同，但现行荷载规范的公式表达式和国际上主流的表达式接轨，为今后的风工程问题研究和交流提供方便；此外从现行荷载规范编制组对一些高层建筑的试算结果看出，某些情况下由于顺风向风振系数比原荷载规范增大，将合理地导致主体结构由顺风向风振引起的效应有所增加。

8.7 横风向和扭转风振

风对结构的动力效应，除顺风向风振外，对一些高层建筑和高耸结构尚应考虑横风向引起的风振效应，以免遭受风荷载引起的破坏。造成横风向风振的主要原因之一是旋涡脱落。旋涡形成的机理一般认为是由于气流中的层间速度不连续性造成，在具有不同流速的气流层之间，由于其黏性而使空气质点发生旋转，形成一个涡卷薄层，但它本身并不稳定，进而又发展成为旋涡，如图 8.7-1 所示。

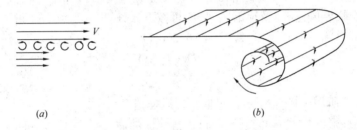

图 8.7-1 旋涡形成示意图
(a) 速度不同的气流层；(b) 涡卷薄层示意

根据对圆柱体的流体试验结果表明，流经圆柱体的流体随雷诺数（Re）增大经历三个不同阶段。雷诺数是流体的惯性力与黏性力之比值，当 $Re < 3 \times 10^5$ 时，旋涡形成很有规则，并作周期性旋涡脱落运动；当 $3 \times 10^5 \leqslant Re < 3 \times 10^6$ 时，旋涡形成极不规则，而当 $Re \geqslant 3 \times 10^6$ 时，旋涡又逐步变为有规律。据此现行荷载规范对工程中的圆柱形结构根据上述三个阶段划分为三个临界范围：

1）亚临界范围，通常取 $3 \times 10^2 < Re < 3.5 \times 10^5$，由于受到旋涡周期性形成脱落影响，将产生周期性的确定性振动。

2）超临界范围，通常取 $3 \times 10^5 \leqslant Re < 3.5 \times 10^6$，由于旋涡脱落不规则，将产生不规则的随机振动。

3）跨临界范围，通常取 $Re \geqslant 3 \times 10^6$，在此跨临界范围，将又出现周期性的确定性振动。

由于雷诺数与风速大小成比例，因而跨临界范围的验算成为工程中最注意的范围，特别是旋涡周期性脱落的频率与结构自振频率一致时，将产生比静力作用大数十倍的共振响应。当结构处于亚临界范围时，虽然也可能发生共振，但由于风速较小，对结构的响应不如临界范围严重，通常可用构造方法加以处理。当结构处于超临界范围时，由于不能产生

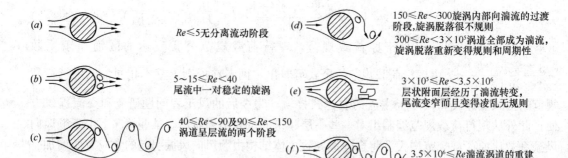

图 8.7-2　流经圆柱体的流体随雷诺数增大的发展过程

增大数十倍的共振响应且风速也不甚大，工程上常不作进一步处理。

从矩形截面构件的流体试验也看出发生类似于圆柱体构件旋涡脱落的结论。

现行荷载规范根据以上情况规定对细长圆形截面的高层建筑构筑物及圆柱形结构，应按下列规定对不同的雷诺数 Re 的情况进行横风向风振（旋涡脱落）的校核：

1）当 $Re < 3 \times 10^5$ 且结构顶部风速 v_H 大于 v_{cr} 时，可发生亚临界的微风共振。此时，可在构造上采取防振措施，或控制结构的临界风速 v_{cr} 不小于 15m/s。

雷诺数 Re、临界风速 v_{cr} 及顶部风速 v_H 可按下式计算：

$$Re = 69000 vD \tag{8.7-1}$$

$$v_{cr} = D/(T_i St) \tag{8.7-2}$$

$$v_H = \sqrt{2000 \mu_H w_0 / \rho} \tag{8.7-3}$$

式中　v——计算所用风速（m/s），可取临界风速值 v_{cr}；

D——圆柱形结构截面的直径（m），当结构的截面沿高度缩小时（倾斜度不大于 0.02），可以近似取 2/3 结构高度处的直径；

T_i——结构第 i 振型的自振周期；验算亚临界的微风共振时，取基本自振周期 T_1；

St——斯脱罗哈数，对圆截面结构取 0.2；

μ_H——结构顶部风压高度变化系数（见表 8.2-1）；

w_0——基本风压（kN/m²）；

ρ——空气密度，可按公式 $\rho = 0.001276(p - 0.378\ p_{vap})/[(1 + 0.00366t) \times 100000]$ 计算，其中 t 为空气温度（℃）；p 为气压（Pa）；p_{vap} 为水汽压（Pa）。也可根据所在地的海拔高度 z（m）按公式 $\rho = 0.00125\ e^{-0.0001z}$ 近似计算。

应该指出，亚临界的微风共振时，结构会发生共振声响，但一般不会对结构产生破坏。当临界风速不满足规范要求时可采用调整结构布置改变其刚度使结构基本自振周期 T_1 变更，并控制结构的临界风速 $v_{cr.1}$（结构自振周期 T_1 时的临界风速）不小于 15m/s，以降低微风共振的发生率。

2）当 $Re \geq 3.5 \times 10^6$ 且结构顶部风速 v_H 的 1.2 倍大于 v_{cr} 时，可发生跨临界的强风共振，此时应考虑横风向风振的等效风荷载。

等效风荷载标准值 w_{Lkj}（kN/m²）可按下列公式计算：

$$w_{Lkj} = |\lambda_j|\ v_{cr}^2\ \phi_i(z)/12800\ \zeta_j \tag{8.7-4}$$

式中 λ_j——计算系数，可按表 8.7-1 采用；

λ_j 计算用表 表 8.7-1

结构类型	振型序号	H_1/H										
		0	0.1	0.2	0.3	0.4	0.5	0.6	0.7	0.8	0.9	1.0
高耸结构	1	1.56	1.55	1.54	1.49	1.42	1.31	1.15	0.94	0.68	0.37	0
	2	0.83	0.82	0.76	0.60	0.37	0.09	−0.16	−0.33	−0.38	−0.27	0
	3	0.52	0.48	0.32	0.06	−0.19	−0.30	−0.21	0.00	0.20	0.23	0
	4	0.30	0.33	0.02	−0.20	−0.23	0.03	0.16	0.15	−0.05	−0.18	0
高层建筑	1	1.56	1.56	1.54	1.49	1.41	1.28	1.12	0.91	0.65	0.35	0
	2	0.73	0.72	0.63	0.45	0.19	−0.11	−0.36	−0.52	−0.53	−0.36	0

v_{cr}——临界风速，按公式（8.7-2）计算，各振型的临界风速应分别计算，对强风共振应取第 1 至第 4 振型的振型系数进行计算。但对一般悬臂型结构，可只取第 1 或第 1 及第 2 振型；

$\phi_i(z)$——结构的第 i 振型系数，由计算确定或按表 8.6-5～表 8.6-7 确定；

ζ_j——结构第 j 振型的阻尼比，对第 1 振型，钢结构取 0.01，房屋钢结构取 0.02，混凝土结构取 0.05，其他高阶振型的阻尼比，若无相关资料，可近似按第 1 振型的值取用。

此外，临界风速起始点高度 H_1（m）可按下式计算：

$$H_1 = H \times \left(\frac{v_{cr}}{1.2\, v_H}\right)^{1/\alpha} \tag{8.7-5}$$

式中 α——地面粗糙度指数，对 A、B、C 和 D 类地面粗糙度分别取 0.12、0.15、0.22 和 0.30；

v_H——结构顶部风速（m/s），按公式（8.7-3）计算。

上述跨临界强风共振验算时的规定是考虑到结构强风共振的严重性及试验资料的局限性，因此提高验算的要求，将结构顶部风速增大 1.2 倍以扩大验算范围。当临界风速起始点在结构顶部时，不会发生跨临界的强风共振，因此可不必验算横风向风振的等效风荷载；当临界风速的起始点在结构底部时，结构整个高度均发生共振，它引起的效应最严重；应该指出临界风速计算时，对不同的振型 v_{cr} 是不同的，所得的临界风速起始点也不相同。

3）当雷诺数为 $3 \times 10^5 \leqslant Re < 3.5 \times 10^6$ 时，则发生超临界范围的风振，可不作处理。

除圆形截面结构外，试验表明某些矩形截面及凹角或削角矩形截面的高层建筑和高耸结构也会发生横风向风振的影响，因此现行荷载规范规定对横风向风振作用效应明显的高层建筑宜考虑横风向风振的影响。横风向风振的等效风荷载可按下列方法确定：

1）对平面或立面体型较复杂的高层建筑和高耸结构，其横风向风振的等效风荷载 w_{lk} 宜通过风洞试验确定，也可比照有关资料确定。

2）对矩形截面（图 8.7-3）及凹角或削角矩形截面（图 8.7-5）的高层建筑，其横风向风振的等效风荷载 w_{Lk}，当同时符合以下条件时可按公式（8.7-6）确定。

条件 1：高层建筑的平面形状和质量在整个高度范围内基本相同；

条件 2：高度比 $H/\sqrt{BD}$ 在 4~8 之间，深宽比 D/B 在 0.5~2 之间，其中 B 为结构的迎风面宽度，D 为结构平面的进深（顺风向尺寸），H 为建筑高度；

条件 3：$v_H T_{L1}/\sqrt{BD} \leqslant 10$，其中 T_{L1} 为结构横风向第 1 自振周期，v_H 为结构顶部风速。

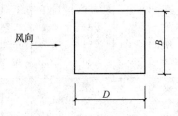

$$w_{Lk} = g\, w_0\, \mu_z\, C_L' \sqrt{1 + R_L^2} \qquad (8.7\text{-}6)$$

式中　w_{Lk}——横风向风振等效风荷载标准值（kN/m²），计算横风向风力时应乘以迎风面的面积；

　　　g——峰值因子，可取 2.5；

　　　C_L'——横风向风力系数，按公式（8.7-7）及公式（8.7-8）计算；

图 8.7-3　矩形截面高层建筑平面示意图

　　　R_L——横风向共振因子，按公式（8.7-9）～公式（8.7-12）计算。

横风向风力系数可按下列公式计算：

$$C_L' = (2 + 2\alpha) C_m \gamma_{CM} \qquad (8.7\text{-}7)$$

$$\gamma_{CM} = C_R - 0.019\left(\frac{D}{B}\right)^{-2.54} \qquad (8.7\text{-}8)$$

式中　C_m——横风向风力角沿修正系数，可按公式（8.7-14）确定；

　　　α——风速剖面指数，对应 A、B、C 和 D 类粗糙度分别取 0.12、0.15、0.22 和 0.30；

　　　γ_{CM}——计算系数；

　　　C_R——地面粗糙度系数，对应 A、B、C 和 D 类粗糙度分别取 0.236、0.211、0.202 和 0.197。

横风向共振因子可按下列规定确定：

（1）横风向共振因子 R_L 可按下列公式计算：

$$R_L = K_L \sqrt{\frac{\pi S_{FL} C_{sm}/\gamma_{CM}^2}{4(\zeta_1 + \zeta_{a1})}} \qquad (8.7\text{-}9)$$

$$K_L = \frac{1.4}{(\alpha + 0.95)C_m} \cdot \left(\frac{z}{H}\right)^{-2\alpha + 0.9} \qquad (8.7\text{-}10)$$

$$\zeta_{a1} = \frac{0.0025(1 - T_{L1}^{*2})T_{L1}^* + 0.000125 T_{L1}^{*2}}{(1 - T_{L1}^{*2})^2 + 0.0291 T_{L1}^{*2}} \qquad (8.7\text{-}11)$$

$$T_{L1}^* = \frac{v_H T_{L1}}{9.8B} \qquad (8.7\text{-}12)$$

式中　S_{FL}——无量纲横风向广义风力功率谱；

　　C_m、C_{sm}——横风向风力功率谱的角沿修正系数；

　　　ζ_1——结构第 1 振型阻尼比；

K_L ——振型修正系数；

ζ_{al} ——结构横风向第 1 振型气动阻尼比；

T_{L1}^* ——折算周期。

（2）无量纲横风向广义风力功率谱 S_{FL}，可根据深宽比 D/B 和折算频率 f_{L1}^* 按图 8.7-4 确定。折算频率 f_{L1}^* 按下式计算：

$$f_{L1}^* = f_{L1}B/v_H \tag{8.7-13}$$

式中 f_{L1} ——结构横风向第 1 振型的频率（Hz）。

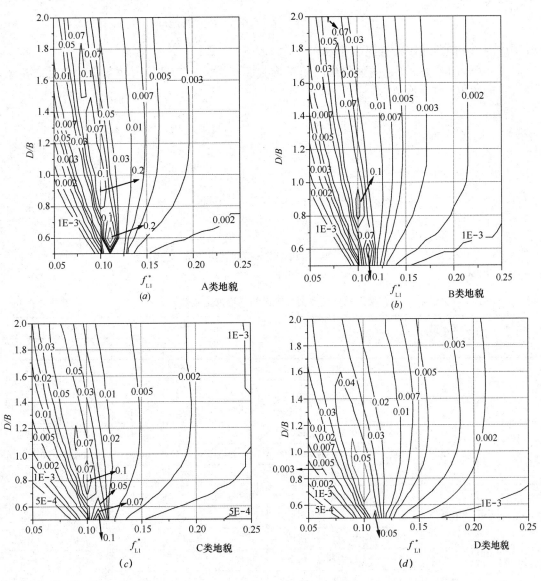

图 8.7-4　无量纲横风向广义风力功率谱

（3）角沿修正系数可按下列规定确定：

① 对于横截面为标准方形或矩形的高层建筑，C_m 和 C_{sm} 取 1.0；

② 对于图 8.7-5 的削角或凹角矩形截面，横风向风力系数的角沿修正系数 C_m 可按下式计算：

$$C_m = \begin{cases} 1.00 - 81.6\left(\dfrac{b}{B}\right)^{1.5} + 301\left(\dfrac{b}{B}\right)^2 - 290\left(\dfrac{b}{B}\right)^{2.5} \\ \qquad\qquad 0.05 \leqslant b/B \leqslant 0.2 \quad 凹角 \\ 1.00 - 2.05\left(\dfrac{b}{B}\right)^{0.5} + 24\left(\dfrac{b}{B}\right)^{1.5} - 36.8\left(\dfrac{b}{B}\right)^2 \\ \qquad\qquad 0.05 \leqslant b/B \leqslant 0.2 \quad 削角 \end{cases} \qquad (8.7\text{-}14)$$

式中 b——削角或凹角修正尺寸（m）（图 8.7-5）。

③ 对于图 8.7-5 所示的削角或凹角矩形截面，横风向广义风力功率谱的角沿修正系数 C_{sm} 可按表 8.7-2 取值。

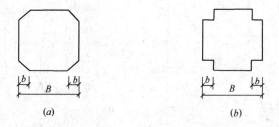

图 8.7-5 削角和凹角矩形截面高层建筑示意图
(a) 削角；(b) 凹角

横风向广义风力功率谱的角沿修正系数 C_{sm} 表 8.7-2

角沿情况	地面粗糙度类别	b/B	折减频率（f_{L1}^*）						
			0.100	0.125	0.150	0.175	0.200	0.225	0.250
削角	B类	5%	0.183	0.905	1.2	1.2	1.2	1.2	1.1
		10%	0.070	0.349	0.568	0.653	0.984	0.670	0.653
		20%	0.106	0.502	0.953	0.819	0.743	0.667	0.626
	D类	5%	0.368	0.749	0.922	0.955	0.943	0.917	0.897
		10%	0.256	0.504	0.659	0.706	0.713	0.697	0.686
		20%	0.339	0.974	0.977	0.894	0.841	0.805	0.790
凹角	B类	5%	0.106	0.595	0.980	1.0	1.0	1.0	1.0
		10%	0.033	0.228	0.450	0.565	0.610	0.604	0.594
		20%	0.042	0.842	0.563	0.451	0.421	0.400	0.400
	D类	5%	0.267	0.586	0.839	0.955	0.987	0.991	0.984
		10%	0.091	0.261	0.452	0.567	0.613	0.633	0.628
		20%	0.169	0.954	0.659	0.527	0.475	0.447	0.453

注：1. A 类地面粗糙度的 C_{sm} 可按 B 类取值；

2. C 类地面粗糙度的 C_{sm} 可按 B 类和 D 类插值取用。

8.8 矩形截面结构扭转风振计算

当结构的截面刚度中心与质量中心不重合时，在风荷载作用下结构将产生平移和扭转的耦合振动。现行荷载规范为防止这类情况下的结构由于风荷载引起的破坏，并考虑到情况的复杂性，根据现有的科研试验成果，对满足下列条件的矩形截面高层建筑结构可按现行荷载规范的新规定进行扭转风振计算：

1）结构平面的形状在整个高度范围内基本相同；

2）刚度中心与质量中心的偏心率（即偏心距/回转半径）小于 0.2；

3）$H/\sqrt{BD} \leqslant 6$，D/B 在 1.5～5 范围内，$T_{T1}v_H/\sqrt{BD} \leqslant 10$，其中 H 为结构总高度；B 为结构迎风面高度；D 为结构平面的进深（顺风向尺寸）；T_{T1} 为结构第 1 阶扭转振型的周期（s），应按结构动力计算确定；v_H 为结构顶部的风速，按公式（8.7-3）确定。

满足以上条件的矩形截面高层建筑结构，可按以下公式确定在结构上的扭转风振等效风荷载标准值：

$$w_{Tk} = 1.8 g w_0 \mu_H C'_T \left(\frac{z}{H}\right)^{0.9} \sqrt{1+R_T^2} \tag{8.8-1}$$

式中　w_{Tk} ——扭转风振等效风荷载标准值（kN/m²），扭矩计算应乘以迎风面面积和宽度；

μ_H ——结构顶部风压高度变化系数（见表 8.2-1）；

g ——峰值因子，可取 2.5；

C'_T ——风致扭矩系数，按公式 $C'_T = [0.0066 + 0.015(D/B)^2]^{0.78}$ 确定；

R_T ——扭转共振因子。

扭转共振因子可按下列公式计算：

$$R_T = K_T \sqrt{\pi F_T/(4\zeta_1)} \tag{8.8-2}$$

$$K_T = \frac{(B^2 + D^2)}{20r^2} \times \left(\frac{z}{H}\right)^{-0.1} \tag{8.8-3}$$

式中　F_T ——扭矩谱能量因子；

K_T ——扭转振型修正系数；

r ——结构的回转半径（m）。

扭矩谱能量因子 F_T 可根据深宽比 D/B 和扭转折算频率 f_{T1}^* 按图 8.8 确定，其中 f_{T1}^* 按下式计算：

$$f_{T1}^* = f_{T1}\sqrt{BD}/v_H \tag{8.8-4}$$

式中　f_{T1} ——结构第 1 阶扭转自振频率（Hz）。

对于体型较复杂以及质量或刚度有显著偏心的高层建筑，其扭转风振等效风荷载 w_{TK} 宜通过风洞试验确定，也可比照有关资料确定。

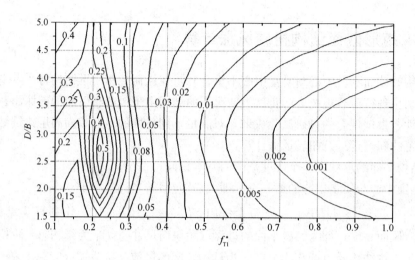

图 8.8 扭矩谱能量因子

8.9 风荷载效应的组合工况

结构在顺风向风振、横风向风振及扭转风振等效风荷载作用下，其风荷载的效应组合宜按表 8.9 考虑。

风荷载组合工况 表 8.9

工况	顺风向风荷载	横风向风振等效风荷载	扭转风振等效风荷载
1	F_{Ck}	—	—
2	$0.6F_{Ck}$	F_{Lk}	—
3	—	—	T_{Tk}

表 8.9 中的单位高度风力 F_{Dk}、F_{Lk} 及扭矩 T_{Tk} 标准值应按下列公式计算：

$$F_{Dk} = (W_{k1} - W_{k2})B \tag{8.9-1}$$

$$F_{Lk} = W_{Lk}B \tag{8.9-2}$$

$$T_{Tk} = W_{Tk}B^2 \tag{8.9-3}$$

式中　F_{Dk}——顺风向单位高度风力标准值（kN/m）；

　　　　F_{Lk}——横风向单位高度风力标准值（kN/m）；

　　　　T_{Tk}——单位高度风致扭矩标准值（kN·m/m）；

　　W_{k1}、W_{k2}——迎风面、背风面风荷载标准值（kN/m²）；

　　W_{Lk}、W_{Tk}——横风向风振和扭转风振等效风荷载标准值（kN/m²）；

　　　　B——迎风面宽度（m）。

8.10 高层建筑顺风向和横风向风振加速度计算

现行行业标准《高层民用建筑钢结构技术规程》JGJ 99—98 及《高层建筑混凝土结构技术规程》JGJ 3—2010 要求房屋高度不小于 150m 的高层混凝土建筑结构应满足风振

舒适度要求。JGJ 3—2010 并规定在 10 年一遇的风荷载标准值作用下，结构顶点的顺风向和横风向振动最大加速度计算值不应超过表 8.10-1 的限值。

高层混凝土建筑（高度不小于 150m）结构顶点风振加速度限值 $a_{\lim}$　　表 8.10-1

使用功能	$a_{\lim}$（m/s^2）
住宅、公寓	0.15
办公、旅馆	0.25

现行荷载规范考虑到我国相关规范的要求，在规范中新增加了结构顺风向和横风向风振加速度计算的规定，以适应工程设计的需要。

1）高层建筑顺风向风振加速度计算

与高层建筑顺风向风振计算的规定适用范围相同，对体型和质量沿高度均匀分布的高层建筑，根据结构随机振动理论和动力学原理，其顺风向风振加速度可按下式计算：

$$a_{D,z} = 2g\, I_{10}\, w_R\, \mu_s\, \mu_z\, B_z\, \eta_a B/m \qquad\qquad (8.10\text{-}1)$$

式中　$a_{D,z}$——高层建筑 z 高度顺风向风振加速度（m/s^2）；

　　　g——峰值因子，可取 2.5；

　　　I_{10}——10m 高度名义湍流度，对应 A、B、C 和 D 类地面粗糙度，可分别取 0.12、0.14、0.23 和 0.39；

　　　w_R——重现期为 R 年的风压（kN/m^2）可按公式（7.1-7）计算，R 值按各相关结构设计规范规定取值；

　　　B——迎风面宽度（m）；

　　　m——高层建筑单位高度质量（t/m）；

　　　μ_z——风压高度变化系数；

　　　μ_s——风荷载体型系数；

　　　B_z——脉动风荷载的背景分量因子，按公式（8.6-4）计算；

　　　η_a——顺风向风振加速度的脉动系数，可根据结构阻尼比 ζ_1 和系数 x_1 作为参数并查表 8.10-2 确定，其中 x_1 应按公式（8.6-3）计算。

顺风向风振加速度的脉动系数 η_a　　表 8.10-2

x_1	$\zeta_1 = 0.01$	$\zeta_1 = 0.02$	$\zeta_1 = 0.03$	$\zeta_1 = 0.04$	$\zeta_1 = 0.05$
5	4.14	2.94	2.41	2.10	1.88
6	3.93	2.79	2.28	1.99	1.78
7	3.75	2.66	2.18	0.90	1.70
8	3.59	2.55	2.09	1.82	1.63
9	3.46	2.46	2.02	1.75	1.57
10	3.35	2.38	1.95	1.69	1.52
20	2.67	1.90	1.55	1.35	1.21
30	2.34	1.66	1.36	1.18	1.06
40	2.12	1.51	1.23	1.07	0.96
50	1.97	1.40	1.15	1.00	0.89

x_1	$\zeta_1=0.01$	$\zeta_1=0.02$	$\zeta_1=0.03$	$\zeta_1=0.04$	$\zeta_1=0.05$
60	1.86	1.32	1.08	0.94	0.84
70	1.76	1.25	1.03	0.89	0.80
80	1.69	1.20	0.98	0.85	0.76
90	1.62	1.15	0.94	0.82	0.74
100	1.56	1.11	0.91	0.79	0.71
120	1.47	1.05	0.86	0.74	0.67
140	1.40	0.99	0.81	0.71	0.63
160	1.34	0.95	0.78	0.68	0.61
180	1.29	0.91	0.75	0.65	0.58
200	1.24	0.88	0.72	0.63	0.56
220	1.20	0.85	0.70	0.61	0.55
240	1.17	0.83	0.68	0.59	0.53
260	1.14	0.81	0.66	0.58	0.52
280	1.11	0.79	0.65	0.56	0.50
300	1.09	0.77	0.63	0.55	0.49

2）高层建筑横风向风振加速度计算

对体型和质量沿高度均匀分布的矩形截面高层建筑，横风向风振加速度可按下式计算：

$$a_{L,z} = 2.8 g w_R \mu_H B \phi_{L1}(z) \sqrt{\frac{\pi S_{FL} C_{sm}}{4(\zeta_1 + \zeta_{a1})}} / m \qquad (8.10\text{-}2)$$

式中　　$a_{L,z}$——高层建筑 z 高度横风向风振加速度（m/s^2）；

　　　　g——峰值因子，可取 2.5；

　　　　w_R——重现期为 R 年的风压（kN/m^2），应根据相关的结构设计规范的要求确定重现期 R 年；

　　　　B——迎风面宽度（m）；

　　　　m——结构单位高度质量（t/m）；

　　　　μ_H——结构顶部风压高度变化系数；

　　　　S_{FL}——无量纲广义风力功率谱，可按本书横向风风振计算中 S_{FL} 的规定内容确定；

　　　　C_{sm}——横风向风力谱的角沿修正系数，可按本书横向风风振计算中 C_m 的规定内容确定；

　　　　$\phi_{L1}(z)$——结构横风向第 1 振型系数，可根据结构动力学计算或查表 8.6-5 确定；

　　　　ζ_1——结构横风向第 1 振型阻尼比；

　　　　ζ_{a1}——结构横风向第 1 振型气动阻尼比，可按本书公式（8.7-11）计算确定。

8.11 例题

【例题 8-1】 某建设工程地点为一新开发地区,在现行荷载规范中无该建设工程地点的风荷载有关资料,但该地区设有一气象站实测得近十年时距 10 分钟 10m 高度处年平均最大风速资料,该气象站周围地貌平坦,且无较多房屋和构筑物。设计时要求采用现行荷载规范规定方法估计该地区的基本风压值。该地区近十年的年平均最大风速的样本数据见下表:

该地区近十年的年平均最大风速数据

年 份	2003 年	2004 年	2005 年	2006 年	2007 年	2008 年	2009 年	2010 年	2011 年	2012 年
年平均最大风速（m/s）	18.3	25.7	19.7	22.3	24.6	21.8	20.0	17.2	23.6	21.1

【解】 1）求近十年年平均最大风速样本的平均值 $\overline{x}$：

$$\overline{x} = (18.3 + 25.7 + 19.7 + 22.3 + 24.6 + 21.8 + 20.0 + 17.2 + 23.6 + 21.1)/10$$
$$= 21.43 \text{m/s}$$

2）求上述风速样本的标准差 σ_1：

$$\sigma_1 = \sqrt{\sum_{i=1}^{10} (x_i - \overline{x})^2/9}$$
$$= \{[(18.3 - 21.43)^2 + (25.7 - 21.43)^2 + (19.7 - 21.43)^2$$
$$+ (22.3 - 21.43)^2 + (24.6 - 21.43)^2 + (21.8 - 21.43)^2$$
$$+ (20.0 - 21.43)^2 + (17.2 - 21.43)^2 + (23.6 - 21.43)^2$$
$$+ (21.1 - 21.43)^2]/9\}^{\frac{1}{2}} = \sqrt{66.72/9} = 2.72 \text{m/s}$$

3）以 10 个样本的平均值 $\overline{x}$ 和标准差 σ_1 近似估计基本风压值：

查现行荷载规范表 E.3.2 或本书表 7.1.1 求分布的位置参数 u 和分布的尺度参数 α

$$\alpha = \frac{C_1}{\sigma_1} = \frac{0.9497}{2.72} = 0.3492$$

$$u = \overline{x} - \frac{C_2}{\alpha} = 21.43 - \frac{0.4952}{0.3492} = 20.01 \text{m/s}$$

以 α、u 值代入现行荷载规范公式（E.3.3）或本书公式（7.1.1-7），取重现期为 50 年,可求得 50 年一遇的最大风速 x_{50}：

$$x_{50} = u - \frac{1}{\alpha} \ln\left[\ln\frac{50}{(50-1)}\right] = 20.01 - \frac{\ln\left[\ln\frac{50}{49}\right]}{0.3492} = 31.24 \text{m/s}$$

4）基本风压的估计值 w_0：

$$w_0 = \frac{1}{1600} x_{50}^2 = \frac{31.24^2}{1600} = 0.61 \text{kN/ m}^2$$

【例题 8-2】 某地区一幢拟建的房屋位于山坡台地（见图 8.11.2）,该地区的基本风压为 0.45kN/m²,山坡坡度 $\alpha = 20°$,山坡顶与平地的高差 $H = 20$m,房屋高度为 30m,地面粗糙度为 C 类,试求该房屋距台地地面 25mD 位置处风压高度变化系数的调整系数 η_D。

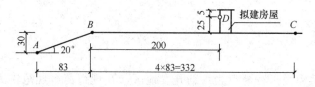

图 8.11.2　房屋位置图（单位：m）

【解】　根据现行荷载规范公式（8.2.2）或本书公式（8.2-2），假想该房屋位于山坡顶部 B 处，公式中各计算参数：$\kappa=1.4$；$\tan20°=0.36>0.3$ 取 0.3；$H=30\text{m}$，$z=25\text{m}$ 代入规范公式（8.2.2）求得 B 处的修正系数 η_B：

$$\eta_B=\left[1+\kappa\tan\alpha\left(1-\frac{z}{2.5H}\right)\right]^2=\left[1+1.4\times0.3\times\left(1-\frac{25}{2.5\times30}\right)\right]^2=1.638$$

而 C 处的调整系数 $\eta_C=1$，因此 D 位置处的风压高度变化系数的调整系数 η_D 应按插入法求得：

$$\eta_D=1+\frac{0.638}{332}\times132=1.254$$

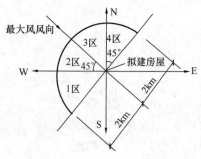

图 8.11.3　某工程所在地 2km
半径范围内房屋区域划分

【例题 8-3】　某拟建房屋工程所在城区的地面粗糙度类别如下：该城区最大风的风向为西偏北 45°，以拟建房屋为中心 2km 为半径的迎风半圆影响范围内，将既有房屋划为面积均等的 4 区域（图 8.11.3），各区域考虑既有房屋高度和密集度影响的房屋平均高度 h：1 区 h_1 为 21m；2 区 h_2 为 18m；3 区 h_3 为 8m；4 区 h_4 为 9m。试确定拟建房屋所在地的地面粗糙类别。

【解】　根据现行荷载规范的规定应按半圆影响范围内建筑物的平均高度 $\bar{h}$ 来划分地面粗糙度。由于 1～4 各区的面域相同，因而该工程半圆影响范围内建筑物的平均高度

$$\bar{h}=\frac{1}{4}(h_1+h_2+h_3+h_4)=\frac{1}{4}(21+18+8+9)=14\text{m}$$

因此该工程所在地的地面粗糙度可近似确定为 C 类。

【例题 8-4】　某拟建正六边形封闭式构筑物，其平面及立面如图 8.11.4 所示，建设地点的地面粗糙程度为 B 类，基本风压 w_0 为 0.5kN/m^2。已知该构筑物在所示风向情况下顶部处的风振系数 $\beta_z=1.5$。试问在所示风向的风荷载作用下，该构筑物顶部 1m 高度范围内的风荷载集中力标准值 F_{tk} 为何值？（提示：为简化计算取顶部以下 1m 至顶部间范围内的风压高度系数及风振系数相同。）

【解】　根据现行荷载规范第 8.1.1

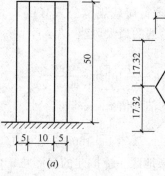

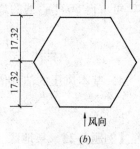

图 8.11.4　封闭式构筑物平面及立面图（单位：m）
(a) 立面图；(b) 平面图

条，F_{tk}应按下式计算确定：

$$F_{tk} = \beta_z \mu_z \sum \mu_{si} A_i w_0$$

已知 $\beta_z = 1.5$；$w_0 = 0.5 \text{kN/m}^2$。

μ_z：查上述规范表 8.2.1 可得 B 类地面粗糙程度、构筑物顶部（离地 50m 高度处）的风压高度变化系数 $\mu_z = 1.62$。

μ_{si}：按上述规范表 8.3.1 项 30（a）中正多边形平面的风荷载体型系数取值。

因此：

$$F_{tk} = 1.5 \times 1.62 \times [(0.8+0.5) \times 1 \times 10 + (0.5+0.5) \times 1 \times 5] \times 0.5 = 21.87 \text{kN}$$

【例题 8-5】 某封闭式矩形平面房屋的屋顶平面和山墙立面见图 8.11.5-1，该房屋的墙面由装配式钢筋混凝土墙板组成，试问在何种风向情况下，山墙的墙板上风荷载局部体型系数最大值（绝对值）为何值？其范围如何？

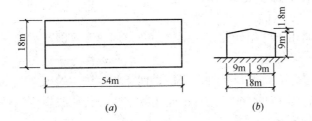

图 8.11.5-1 封闭式房屋屋顶平面及山墙立面图

（a）屋顶平面；（b）山墙立面

【解】 查现行荷载规范表 8.3.3 项次 1，侧面墙中局部体型系数在 S_a 区域的最大值（绝对值）为 1.4，因此当山墙为侧面墙情况时，此时风向为垂直于该房屋的纵向并平行于山墙平面。S_a 区域的宽度为 $E/5$（距山墙外边缘的宽度），在本例情况下按规范规定 $E/5 = 2H/5 = 3.6\text{m}$。见图 8.11.5-2。

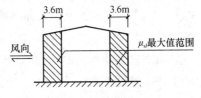

图 8.11.5-2 山墙局部体型系数最大值范围

【例题 8-6】 某环形截面构筑物地面以上高度为 100mm，外径为 5m（图 8.11.6）基本自振周期 $T_1 = 2.5\text{s}$，修建地区的基本风压 $w_0 = 0.6 \text{kN/m}^2$，地面粗糙度为 B 类，试问是否需要对该构筑物进行横风向风振校核。

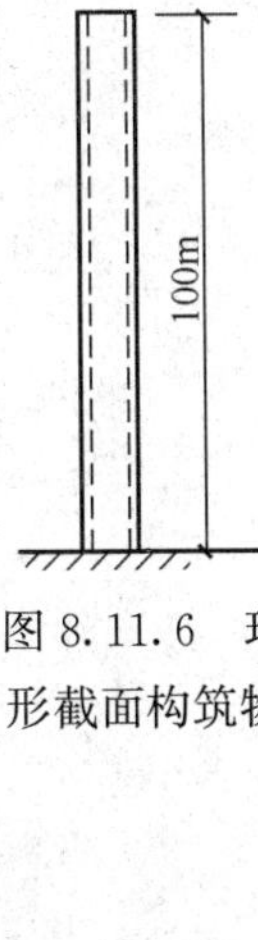

【解】 首先应判断该构筑物是否会发生临界的强风共振。根据现行荷载规范第 8.5.3 条进行校核。

由现行荷载规范公式（8.5.3-2）或本书公式（8.7-2），临界风速 $v_{cr} = D/(T_1 St)$，已知，再按现行荷载规范公式（8.5.3-1）或本书公式（8.7-1）求得 $D=5\text{m}$，$T_1 = 2.5\text{s}$，$St = 0.2$（对环形截面构件），代入公式得：$v_{cr} = 5/(2.5 \times 0.2) = 10\text{m/s}$

雷诺数 $Re = 69000 v_{cr} D = 69000 \times 10 \times 5 = 3.45 \times 10^6 < 3.5 \times 10^6$ 但 $> 3.5 \times 10^5$，因此只会发生超临界范围的风振，不会发生跨临界的强风共振，因此可不作处理，不必考虑横向风振。

图 8.11.6 环形截面构筑物

第9章 温 度 作 用

近年来由于国民经济的快速发展，国内超长、超大建筑工程不断出现，结构设计中考虑温度作用日显重要，但原荷载规范没有对温度作用作出明确的计算规定，使结构设计人员无可依靠的计算依据，造成参数取值混乱或发生错误。因而现行荷载规范根据实际工程设计需要新增加温度作用的有关规定。

9.1 温度作用的定义和表达

温度作用通常是由于气温变化、太阳辐射及使用热源等因素引起。其中气温变化是引起结构温度作用的主要因素；暴露于阳光下且表面吸热性好、热传递快的结构，太阳辐射引起的温度作用明显；有热源设备的厂房、烟囱、储存热物的筒仓、冷库等，其温度作用由热源或冷源引起，应由工艺或专门规范作出规定。现行荷载规范仅对气温变化及太阳辐射引起的温度作用作出有关的规定。

温度作用是指结构或构件内温度的变化。在结构构件任意截面上的温度分布，一般认为可由四个分量组成（图 9-1）：①均匀温度分量 ΔT_u；②绕 z-z 轴线性变化的温差分量 ΔT_{My}（梯度温差）；③绕 y-y 轴线性变化的温差分量 ΔT_{Mz}（梯度温差）；④自平衡非线性温差分量 ΔT_E。在以上 4 个分量中，①分量一般情况下可主导结构的变形，并可能控制整体结构变形，使结构产生温度作用效应。④分量会引起系统自平衡应力，对整个结构或构件不产生温度作用效应。②、③分量对大体积结构可产生对整个温度场变化的影响，对此种分量的温度作用，一般采用截面边缘的温度差表示。对超大型结构、由不同材料部件组成的结构等特殊情况尚需考虑不同结构部件之间的温度变化及相互影响。对大体积结构尚需考虑整个温度场的变化。但限于目前的技术条件和经验，现行荷载规范仅对均匀温度作用作出相关的规定，而对实际工程中其他情况的温度作用可由设计人员参考有关文献或根据设计经验酌情处理。

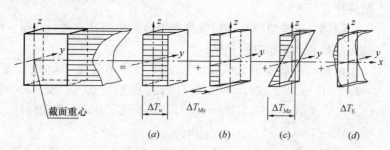

图 9.1 构件截面上的温度分布

（a）均匀分布的温度；（b）绕 z-z 轴线性分布的温度；

（c）绕 y-y 轴线性分布的温度；（d）自平衡非线性分布的温度

温度作用产生的效应对结构或构件产生的不利影响，通常在设计中首先是采取结构构造措施来减少或消除温度作用效应，如设置抵抗温度作用的构造钢筋；主体结构设置温度缝；采用隔热保温措施；对结构或构件设置活动支座减少约束性等。其次才是对在温度作用和其他可能参与组合的荷载共同作用下，结构构件施工和正常使用期间的最不利效应组合可能超过承载力或正常使用极限状态的限值时，设计人员需在设计中计算温度作用效应。但由于结构类别的多样性和复杂性、气温变化难确准预测等因素的影响，因此具体什么结构或构件需要和如何考虑温度作用，应由各类材料的结构设计规范规定。现行荷载规范仅对某些温度作用有关的设计参数作出统一规定。

计算结构的温度作用效应时，应采用材料的线膨胀系数 α_T，常用材料的线膨胀系数按现行荷载规范规定可按表 9.1 采用。

常用材料的线膨胀系数 α_T　　　　　　　　　　　　　　　表 9.1

材　料	线膨胀系数 α_T（$\times 10^{-6}/\text{℃}$）	材　料	线膨胀系数 α_T（$\times 10^{-6}/\text{℃}$）
轻骨料混凝土	7	钢、铸铁、锻铁	12
普通混凝土	10	不锈钢	16
砌体	6～10	铝、铝合金	24

温度作用属于可变的间接作用，现行荷载规范考虑到结构可靠指标及设计表达式的统一，其荷载分项系数取值与其他可变荷载相同，取 1.4。温度作用应根据结构施工和正常使用期间与其他可能同时出现的荷载进行最不利的荷载效应组合，因而现行荷载规范根据设计经验及参照欧洲规范（EN 1991-1-5：2003）规定，温度作用的组合值系数、频遇值系数和准永久值系数分别取 0.6、0.5、0.4。

此外现行荷载规范在第 9.1.3 条条文中说明，混凝土结构在进行混凝土作用效应分析时，可考虑混凝土开裂等因素引起的结构刚度降低。混凝土材料的徐变和收缩效应可根据经验将其等效为温度作用。具体方法可参照有关资料和文献，如行业标准《水工混凝土结构设计规范》SL 191—2008 及《铁路桥涵设计基本规范》TB 10002.1—2005 等。

9.2　基本气温

基本气温是气温的基准值，也是确定温度作用所需最主要的气象参数。基本气温是以气象台站记录所得的该地区某时间段内各年极值气温数据为样本，经统计得到的具有一定超越概率的最高和最低气温。采用什么气温参数作为年极值气温数据样本，国际和国内尚无统一的模式。例如欧洲规范极值气温是采用各年的小时最高和最低气温值，并按极值 Ⅰ 型概率分布曲线统计样本所得超越概率为 2% 的气温值作为基本气温；我国公路行业标准《公路桥涵设计通用规范》JTG D60—2004 规定采用有效温度作为基本气温，并将全国划分为严寒、寒冷和温热三个气候区，分别规定各气候区的最高和最低基本温度；我国铁路行业标准《铁路桥涵设计基本规范》TB 10002.1—2005 采用建设工程所在地七月份和一月份的平均气温作为基本气温；而我国建筑行业以往在结构设计中尚无基本气温的统一规定。为提高和保证考虑温度作用的安全性和经济性，现行荷载规范根据国内建筑行业设计的现状并参考国外规范，将基本气温定义为 50 年一遇的月平均最高气温和月平均最低气温，分别根据全国各地 600 多个基本气象台站近 30 年来历年最高温度月的月平均最高温度和最低温度月的月平均最低温度作为统计样本，并假定其服从极值Ⅰ型分布，经统计确定基本气温值。在现行荷载规范附录 E 表 E.5 中首次给出各城市基本气温的最高和最低温度值；在图 E.6.4 及图 E.6.5 中绘出全国基本气温的最高气温及最低气温分布图。

建筑结构中热传导速率较慢且体积较大的混凝土结构和砌体结构，其内部平均温度接近当地月平均气温，因而现行荷载规范规定以月平均最高和月平均最低气温作为基本气温在一般情况是合适的；但对于热传导速率较快的金属结构和体积较小的混凝土结构，由于它们对气温变化较敏感，需要考虑昼夜气温变化的影响，采用现行荷载规范规定的基本气温可能偏不安全，因而必要时应对基本气温进行修正。基本气温修正的幅度大小与地理位置、建筑结构类型及朝向等因素有关，再考虑工程设计经验和当地极值气温与基本气温的差值，然后酌情对基本气温 T_{max} 和 T_{min} 作适当增加或降低。

9.3 均匀温度作用

9.3.1 均匀温度作用标准值

1）对结构最大温升的工况，均匀温度作用的标准值按下式计算：

$$\Delta T_K = T_{s,max} - T_{0,min} \qquad (9.3.1\text{-}1)$$

式中 ΔT_K——均匀温度作用标准值（℃）；

$T_{s,max}$——结构最高平均温度（℃）；

$T_{0,min}$——结构最低初始平均温度（℃）。

2）对结构最大温降的工况，均匀温度作用的标准值按下式计算：

$$\Delta T_k = T_{s,min} - T_{0,max} \qquad (9.3.1\text{-}2)$$

式中 $T_{s,min}$——结构最低平均温度（℃）；

$T_{0,max}$——结构最高初始平均温度（℃）。

9.3.2 结构最高平均温度和最低平均温度确定

结构最高平均温度和最低平均温度宜分别根据基本气温 T_{max} 和 T_{min} 按热工学原理确定。对暴露于环境气温情况下的露天结构，其最高平均温度和最低平均温度一般可采用当地的基本气温 T_{max} 和 T_{min} 为基础，并结合工程实际情况进行调整。对有围护的室内结构，结构最高平均温度和最低平均温度一般可依据室内和室外的环境温度按热工学原理确定。确定时应考虑气温选项、室内外温差、太阳辐射、建筑物外装修的颜色、地上结构或地下结构、结构尺寸等因素的影响。

根据热工学原理，结构温度的取值和材料传导速率有关。热传导速率可用下式表示：

$$\frac{\Delta Q}{\Delta t} = KA \frac{\Delta T}{h} \qquad (9.3.2\text{-}1)$$

式中 ΔQ——传导的总热能；

Δt——热传导所需时间；

K——热传导系数（导热系数），对混凝土结构可取 1.5（W/(m·℃)）、钢结构可

取 $54W/(m \cdot ℃)$；

A——传导所经过的截面面积（m^2）；

h——截面厚度（m）；

ΔT——温差（℃）。

对上式进行变换后，可导出结构内部的温度与单位体积内吸收（或放出）的总热能相关公式：

$$\frac{\Delta Q}{Ah} = K \frac{\Delta T}{h^2} \Delta t \tag{9.3.2-2}$$

由上列公式可看出：

1) 构件尺寸（厚度）越大，单位体积吸收的热量越小。

2) 由于钢结构热传导速度比混凝土快 36 倍，因此在确定结构最高平均温度和最低温度时，宜根据热传导性能的不同，对不同结构区别对待。

3) 露天结构与室内结构也应区别对待，后者由于有围护结构的保温隔热影响，其热传导引起的结构最高和最低温度变化滞后于气温变化。

关于如何确定结构最高、最低平均温度，现行荷载规范虽然在条文中只有原则性规定，但在条文说明中给出了一些具体规定，现归纳整理如下供设计人员采用：

1) 影响结构最高或最低平均温度的因素较多，应根据工程施工期间和正常使用期间的设计具体情况确定。

2) 暴露于环境气温下的室外结构，其最高平均温度和最低平均温度一般可根据基本气温 T_{max} 和 T_{min} 确定。对温度敏感的金属结构尚应根据结构表面的颜色深浅、当地纬度及朝向等因素考虑太阳辐射的影响，对结构表面温度予以增大（绝对值）。

3) 有围护的室内结构，其最高平均温度和最低平均温度一般可依室内和室外的环境温度按热工学原理确定，当为单一材料的结构（包括钢筋混凝土结构）且室内外环境温度相近时，结构最高和最低平均温度可近似取室内外最高和最低环境温度的平均值。室内环境温度应根据建筑设计资料的规定采用，当无规定时，应考虑夏季空调条件和冬季采暖条件下可能出现的最低温度和最高温度的不利情况。室外环境温度一般可取基本气温，但应考虑围护结构材料热工性能及其色调、当地纬度、结构方位的影响。表 9.3.2 给出了考虑太阳辐射的围护结构表面温度增加值，在无可靠资料时，可参考该表确定。

考虑太阳辐射的围护结构表面温度增加 表 9.3.2

朝向	表面颜色	温度增加值（℃）
平屋面	浅亮	6
	浅色	11
	深暗	15
东向、南向和西向的垂直墙面	浅亮	3
	浅色	5
	深暗	7
北向、东北向和西北向的垂直墙面	浅亮	2
	浅色	4
	深暗	6

4) 对地下室与地下结构的室外温度，一般应考虑离地表面的深度影响。当离地表面深度超过 10m 时，土体基本为恒温，等于年平均气温。

9.3.3 结构最高初始平均温度和最低初始平均温度确定

结构初始温度是指结构形成整体（合拢）时的温度，由于实际工程结构形成整体的时间往往不能准确确定，因此应考虑这一特性，对不同的结构采取不同的初始平均温度。对超长混凝土结构往往设有后浇带，从混凝土浇捣到达到一定的弹性模量和强度需要半个月至一个月左右，因而结构初始平均温度可取后浇带封闭时的当月平均气温。而钢结构形成整体的时间通常较短，其形成整体的温度一般可取合拢时的当日平均温度，但当有日照合拢时应考虑日照的影响。

结构设计时，往往不能准确确定施工工期，因此结构形成整体的时间也不能准确确定，为解决温度作用计算需要，在设计时应考虑施工的可行性和工期的不可预见性，根据施工时结构形成整体可能出现的结构最低和最高初始温度按不利情况确定。

在实际设计中往往取合拢温度为 10～25℃，以保证在一年中的大部分时间均可以使合拢具备施工的可行性。

9.4 计算温度作用效应时应注意的一些问题

1) 对混凝土结构可考虑混凝土开裂等因素引起结构刚度的降低，由于计算均匀温度作用引起的效应时会涉及结构的刚度，当混凝土结构的构件出现裂缝后，截面的抗弯刚度会显著下降，因而分析温度效应时必须考虑混凝土的这一特性，否则会引起分析结果的较大误差。现行荷载规范没有规定统一的刚度折减方法，但在规范第 9.1.3 条的条文说明中指出："具体方法可参考有关资料和文献"。

2) 对混凝土结构可考虑混凝土材料的徐变和收缩效应影响，混凝土结构的收缩和徐变与温度变化是相互独立的作用，按《工程结构可靠性设计统一标准》GB 50153—2008 对作用的分类，混凝土收缩和徐变属永久作用而温度变化属可变作用。对收缩和徐变引起的对分析温度作用效应的影响，通常在其他行业的设计规范中是将收缩和徐变作为等效温度作用考虑，此工程经验值得建筑行业借鉴和参考，例如《水工混凝土结构设计规范》SL 191—2008 中规定，初估混凝土干缩变形时，可将其折算为 10～15℃ 的降温。在《铁路桥涵设计基本规范》中规定混凝土收缩的影响可按降低温度的方法来计算，对整体浇筑的混凝土和钢筋混凝土结构分别相当于降低温度 20℃ 和 15℃。在《公路桥涵设计基本规范》JTG D60—2004 中规定，计算圬工拱圈考虑徐变影响引起的温差作用效应时，计算的温差效应应乘以 0.7 的折减系数。在《公路钢筋混凝土及预应力混凝土桥涵设计规范》JTG D62—2004 对混凝土收缩应变和徐变系数的定量计算有明确规定，这些内容可供参考。但是对房屋建筑中的混凝土结构，在设计时尚应考虑自身特性，它有别于桥梁和水工结构。例如房屋中的超长混凝土结构，其长度超过温度伸缩缝限值时一般均设有后浇带，封闭后浇带通常的时间往往比两侧混凝土完成浇筑的时间滞后许多，而封闭后浇带时两侧混凝土的收缩变形大部分已经完成，因而其等效降温值比以上其他行业的规定值会少许多。此外房屋超长混凝土结构在温度作用下产生的内力常处于循环往复（如拉、压变化等），不同于单向加载，因而徐变变形很难定量计算。

3）计算温度作用效应时应满足两类极限状态的要求，有一些结构设计人员把温度作用效应考虑的重点仅放在正常使用极限状态，如仅重视控制现浇钢筋混凝土梁、板的裂缝问题，这是不全面的做法。对房屋中的超长结构，温度作用对结构危害最大的是首层竖向构件，由于基础或地下室顶板的约束较大，二层水平构件（梁、板）热胀冷缩时，将对建筑物长向两端的首层边柱、首层剪力墙产生较大的附加弯矩和剪力。例如超长框架结构中的首层边柱，在温度作用下的附加弯矩与竖向荷载作用下产生的同号弯矩叠加，会显著增大边柱内的弯矩，当该柱的钢筋或柱截面尺寸不足时，其偏心受压的承载力将不能满足承载力极限状态要求，严重时将会引起房屋整体倒塌，这已是我国工程中曾经发生过的事故教训。因此结构设计人员除关注超大结构温度作用的正常使用极限状态设计问题外，尚应关注承载力极限状态设计问题。

4）关于均匀温度作用下引起的结构效应可根据结构力学原理进行计算。

9.5　例题

【例题 9-1】　某框架结构房屋，其纵向为钢筋混凝土相等柱间距的单层框架（图 9.5-1），当均匀温度升高变化时，框架梁、柱由温度作用将产生温度效应，试问下列说法中何项为正确选项？（提示各框架柱、梁的截面均相同）

说法一：两端部的框架柱在均匀温升情况下，由温度作用产生的柱底截面温度弯矩比中部框架柱柱底截面的温度弯矩大；

说法二：两端部的框架柱在均匀温升情况下，由温度作用产生的柱底截面温度弯矩比中部框架柱柱底截面的温度弯矩小；

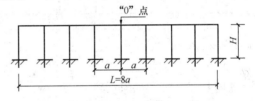

9.5.1　某框架（等柱距）结构

说法三：均匀温升情况下，端部框架梁内由温度作用产生的轴向压力比中部框架梁内由温度作用产生的轴向压力大；

说法四：均匀温升情况下，端部框架梁内由温度作用产生的轴向压力比中部框架梁内由温度作用产生的轴向压力小。

【解】　在均匀温升情况下，钢筋混凝土框架梁、柱会向房屋两端向外膨胀变形，而在房屋中部"0"点为不动点；且各框架柱的顶点向房屋两端膨胀变形值不相同，其值由不动点向房屋两端逐渐加大，因此框架柱顶端截面由温度作用产生的剪力，以最外框架柱最大，且与各柱顶距不动点"0"的距离成正比而增大，因而框架柱柱底截面由柱顶剪力产生的温度作用弯矩以房屋两端框架柱为最大，中部框架柱的相应温度作用弯矩将随距不动点"0"的距离减小而减少。因此说法一是正确选项，而说法二错误。

根据柱顶截面由温度作用产生的剪力变化规律可知，各框架梁中将产生不同的轴向压力，而其轴向压力值的变化规律是房屋中部的框架梁比端部框架梁大，因此说法三错误，而说法四为正确选项。

【例题 9-2】　某城市的铁路旅客站露天钢筋混凝土站台雨篷工程设计项目，已知该雨篷共设两个温度区段，每个温度区段的结构构件为预制预应力离心混凝土空心管柱（外径

尺寸为 $\phi 800mm$，厚度为 110mm，C60 混凝土），雨篷顶盖为现浇钢筋混凝土梁板构件（板厚 200mm，梁截面尺寸宽为 500mm，高为 700mm，C30 混凝土），柱上端与顶盖刚性连接，下端插入阶形钢筋混凝土基础内。每个温度区段顶盖平面尺寸为 14m×140m（图例 9.5.2），设横向后浇带共三处，将顶盖分为 4 个施工区段，后浇带封闭时的温度变化范围按 10～25℃ 考虑。设计该站台雨篷时需进行结构均匀温度作用效应验算，试问验算时，如何确定结构最大温升工况的均匀温度作用标准值及结构最大降温工况的均匀温度作用标准值。（提示：此情况可考虑混凝土结构设置后浇带后，混凝土收缩等效降温可取 −4℃，该城市的基本气温最高为 36℃，最低 −13℃）。

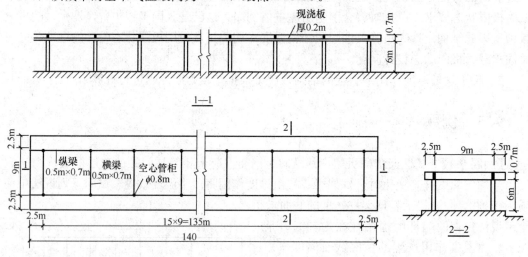

图 9.5.2　站台雨篷平面

【解】　1）已知气象资料

基本气温：最高 36℃，最低 −13℃。

2）已知后浇带封闭时的温度 10～25℃，考虑混凝土收缩影响的等效降温 −4℃。

3）确定结构最大温升工况的均匀温度作用标准值 ΔT_k：

按现行荷载规范第 9.3.1 条公式（9.3.1-1）计算。

结构最高平均温度 $T_{s,max}$：由于本工程为露天结构，暴露于室外，宜依据结构的表面吸热性质考虑太阳辐射的影响，雨篷顶板的防水层颜色为深暗色（黑色），可参考现行荷载规范第 9.3.2 条条文说明表 7 取结构表面温度增加值 15℃，因此 $T_{s,max}$ 计算如下：

$$T_{s,max}=基本气温＋太阳辐射影响升温＝36＋15＝51℃$$

结构最低初始平均温度 $T_{0,min}$：取后浇带封闭时的最低温度 10℃。

将 $T_{s,max}$、$T_{0,min}$ 代入公式（9.3.1-1）得：

$$\Delta T_k=T_{s,max}-T_{0,min}＝51-10＝41℃$$

4）确定结构最大温降工况的均匀温度作用标准值 ΔT_k：

按现行荷载规范第 9.3.1 条公式（9.3.1-2）计算。

结构最低平均温度 $T_{s,min}$：取基本气温的最低值并考收混凝土收缩的影响，可计算如下：

$$T_{s,min}=基本气温＋收缩影响＝-13-4＝-17℃$$

结构最高初始平均温度 $T_{0,\max}$：取后浇带封闭时的最高温度 25℃。

将 $T_{s,\min}$、$T_{0,\max}$ 代入公式（9.3.1-2）得：

$\Delta T_k = T_{s,\min} - T_{0,\max} = -17 - 25 = -42℃$

【例题 9-3】 某位于北京地区的露天单跨门式刚架轻型钢棚架仓库结构（无围护墙），跨度 36m，柱顶高度 7m，棚架平面尺寸为 30m×150m（图 9.5.3），其屋盖为 C 形钢檩条上铺压型钢板瓦（浅色），钢材均为 Q235B，设计要求钢结构合拢温度控制在 20～30℃ 之间。试问当计算温度作用效应时，结构最大温升工况及最低温降工况采用的均匀温度作用标准值应如何确定。

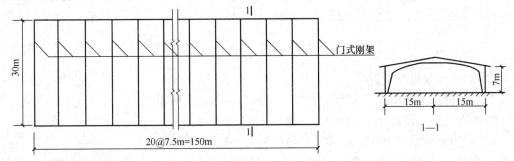

图 9.5.3 门式刚架钢棚架平面

【解】 1）收集气象资料

基本气温：最高 36℃，最低 −13℃。

历年极端气温：最高 41.9℃，最低 −17℃。

2）棚架合拢温度 20～30℃。

3）确定结构最大温升工况的均匀温度作用标准值 ΔT_k：

按现行荷载规范第 9.3.1 条公式（9.3.1-1）计算。

结构最高平均温度 $T_{s,\max}$：由于钢棚架对气温变化较敏感，根据现行荷载规范第 9.2.2 条的规定宜考虑极端气温的影响，并考虑太阳辐射的影响，故 $T_{s,\max}$ 按下式计算：

$T_{s,\max}$＝历年极端最高气温＋太阳辐射升温＝41.9＋11＝52.9℃，取 53℃。

结构最低初始平均温度 $T_{0,\min}$：取合拢时的最低温度 20℃。

因此 $\Delta T_k = T_{s,\max} - T_{0,\min} = 53 - 20 = 33℃$

4）确定结构最大温降工况的均匀温度作用标准值 ΔT_k：

结构最低平均温度 $T_{s,\min}$：取等于极端气温最低值 −17℃。

结构最高平均温度 $T_{0,\max}$：取等于合拢时最高温度 30℃。

因此 $\Delta T_k = T_{s,\min} - T_{0,\max} = -17 - 30 = -47℃$

【例题 9-4】 北京市某现浇钢筋混凝土四层框架结构工业房屋工程，平面尺寸 36m×75m（图 9.5.4），各层层高均为 5m，柱截面尺寸为 800mm×800mm，纵向梁截面尺寸为 400mm×700mm，横向框架梁截面尺寸为 450mm×800mm，屋面及楼面均为现浇混凝土空心板，板厚 250mm。混凝土强度等级为 C30，外围护墙为有性能良好的外保温，隔热层的混凝土小型砌块砌体墙，屋顶有性能良好的保温隔热层，经热工计算，夏季室内外温差取 10℃，冬季室内外温差取 15℃，不考虑热工制冷或供暖的影响。房屋在纵向中部设有一道后浇带，浇筑完毕气温范围为 10～25℃，要求确定结构最大温升及温降工况的均匀温度作用标准值。

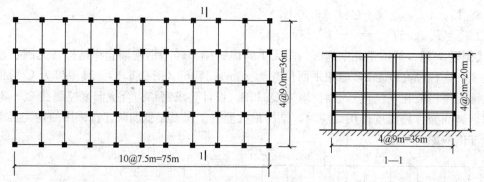

图 9.5.4　框架结构柱网平面

【解】　1）收集气象资料

基本气温：最高 36℃，最低－13℃（见现行荷载规范附录表 E.5）。

月平均气温：最高 26℃（七月），最低－6℃（一月）。

2）已知：夏季室内外温差 10℃，冬季室内外温差 15℃。

后浇带封闭气温为 10～25℃（此范围可保证一年中大部分时间均可以合拢，具备施工的可行性）。

3）确定结构最大温升工况的均匀温度作用标准值 ΔT_k：

由于该工业房屋的围护结构保温隔热性能良好，可形成室内外温差，也导致室内外热传导速率明显降低。根据现行荷载规范第 9.3.2 条的规定，结构平均气温应考虑室内外温差的影响。另据该条条文说明，结构平均温度可近似取室内外环境的平均值，因此结构平均最高温度

$T_{s,max}=$ ［最高基本气温（偏安全取值）＋室内环境温度（取夏季最高月平均气温与室内外温差的差值）］/2

$\qquad =$ ［36＋（26－10）］/2＝26℃

结构最低初始平均温度 $T_{0,min}$：取后浇带浇筑完毕最低温度 10℃。

结构最大温升工况的均匀温度作用标准值应按现行荷载规范公式（9.3.1-1）确定：

$T_k=T_{s,max}-T_{0,min}=26-10=16℃$

4）确定结构最大温降的均匀温度作用标准值 ΔT_k：

理由同上，但室内环境温度取冬季最低月平均气温与室内外温差的差值。

$$T_{s,min}=［-13+（-6+15）］/2＝-2℃$$

另再考虑混凝土收缩的等效降温－4℃。

结构最高初始平均温度 $T_{0,max}$：取后浇带浇筑完毕最高温度 25℃，将以上结果代入现行荷载规范公式（9.3.1-2）得：

$$\Delta T_k=-2-4-25=-31℃$$

【例题 9-5】　北京市某大型各类装修建筑材料销售超市的采暖房屋，主体结构为地上三层的钢结构框架（钢材为 Q235B），平面尺寸 150m×150m（图 9.5.5），各层层高 7m，框架柱为焊接空心方形柱，纵向和横向框架梁为焊接Ⅰ型梁与现浇混凝土楼板组成的钢—混凝土组合梁，外围护墙为加气混凝土板材（厚度 250mm），经热工计算室内外温差：夏

季为 8℃，冬季为 15℃，不考虑人工制冷或采暖。钢结构合拢温度范围为 10～25℃。要求确定结构最大温升及温降的均匀温度作用标准值 ΔT_k。

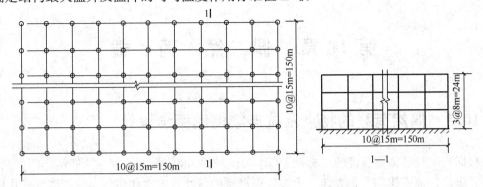

图 9.5.5 框架结构平面示意

【解】 1）收集气象资料

基本气温：最高 36℃，最低 −13℃（见现行荷载规范附录表 E.5）。

历年极端气温：最高 41.9℃，最低 −17℃。

2）已知结构合拢温度 10～25℃。

室内外温差：夏季为 8℃，冬季为 15℃，不考虑人工制冷或采暖。

3）确定结构最大温升工况的均匀温度作用标准值 ΔT_k：

由于围护结构为单层材料，根据现行荷载规范第 9.3.2 条的条文说明，当仅考虑单层结构材料且室内外环境温度类似时，结构平均温度可近似取室内外环境温度的平均值；室外环境温度对温度敏感的金属结构尚应予以增大的要求，因此室外最高气温取基本气温与极端气温的平均值，今基本气温最高为 36℃，历年极端最高气温 41.9℃（取为 42℃），故室外环境温度＝（36＋42）/2＝39℃。

室内环境温度：考虑到室内外夏季温度差 8℃，因此偏安全地可取为基本气温的最高温度与室内外夏季温差的差值，即 36−8＝28℃。

结构最高平均温度 $T_{s,max}$＝（室外环境温度＋室内环境温度）/2
$$= （39+28）/2=33.5℃$$

最低结构初始平均温度取合拢最低温度，即 $T_{0,min}=10℃$

按现行荷载规范公式（9.3.1-1）计算 ΔT_k：
$$\Delta T_k=T_{s,max}-T_{0,min}=33.5-10=23.5℃ 取 24℃$$

4）确定结构最大温降工况的均匀温度作用标准值 ΔT_k：

理由同上，室外环境温度平均值取最低基本气温与历年极端最低气温的平均值，即（−13−17）/2＝−15℃。

室内环境温度取基本气温最低温度与室内外冬季温差的差值，即 −13−15＝−28℃

故结构最低温度的平均值 $T_{s,min}$＝(−15−28)/2＝−21.5℃ 取 −22℃

结构最高初始平均温度取合拢最高温度，即 $T_{0,max}=25℃$

按现行荷载规范公式（9.3.1-2）计算 ΔT_k：
$$\Delta T_k=T_{s,min}-T_{0,max}=-21.5-25=-46.5℃$$

第10章 偶 然 荷 载

10.1 偶然荷载的特点及抗连续倒塌概念设计

根据《工程结构可靠性统一标准》GB 50153—2008 的附录所列举的偶然作用类别有：撞击、爆炸、地震作用、龙卷风、火灾、极严重的侵蚀、洪水作用等。并指出地震作用和撞击荷载可以认为是规定条件下的可变作用（荷载）或认为是偶然作用（荷载）。

考虑到上述的偶然作用有的已由专门设计规范作出规定（例如地震作用等）或现阶段技术水平尚不能给予明确规定，因而现行荷载规范根据建筑结构的特点仅对爆炸和撞击两类偶然荷载给出原则性的设计规定，以便设计应用。

10.1.1 偶然荷载的特点

随着我国国民经济的迅速增长，人们的生活水平不断提高，建筑结构设计也面临一些新情况、新问题，需要考虑和解决，而爆炸荷载和撞击荷载就是其中之一。恐怖分子经常会采用爆炸手段对一些重要建筑进行袭击；在生活中使用燃气已日益普遍，但当使用不当时可能会发生爆炸；人们使用电梯、汽车、直升机等先进的设施和交通工具的比例正迅速提高，但当非正常行驶时会发生撞击。因而有必要在现行荷载规范中增加爆炸和撞击两种偶然荷载的有关规定，以便减小其对建筑结构的不利影响或保证使用和人员安全。

偶然荷载具有以下特点：

1）偶然荷载出现的概率较低，但它一旦出现其量值较大，造成的破坏作用和危害可能巨大。偶然荷载的取值目前还无法通过概率统计方法确定，主要靠经验及权威部门对其作出规定。因此在计算荷载偶然组合的效应设计值 S_d 时，不采用荷载分项系数方法（见现行荷载规范公式（3.2.6-1）及公式（3.2.6-2），或本书公式（3.2.1-4）及公式（3.1.2-5）），需直接采用规定的偶然荷载标准值作为设计值。

2）偶然荷载作用的设计状况有其特殊性，由于考虑到偶然事件本身属于小概率事件，因此设计时不必同时考虑两种或两种以上的偶然荷载参与组合。

3）由于偶然荷载量值的不确定性，所以实际情况的偶然荷载值有可能超过设计值，即使承载力极限状态计算的效应设计值满足现行荷载规范公式（3.2.6-1）的要求，也仍然存在结构构件局部破坏的可能性，设计人员必须知晓这一情况并应力求减少破坏范围。

4）为了保障人员的生命安全，对需要抗爆和抗撞击事件的建筑结构，除满足现行荷载规范公式（3.2.6-1）要求外，尚需满足公式（3.2.6-2）的要求，防止事件发生后局部结构受损，引起对原结构其他剩余部分连锁性破坏（即抗连续倒塌设计）。

10.1.2 抗连续倒塌的建筑结构概念设计

目前我国在设计规范中尚无对何类建筑结构需要抗连续倒塌设计的明确规定，但国内外的部分设计单位已对某些重要建筑进行过抗连续倒塌设计，积累了一些概念设计的经验，因此在一些设计规范中对抗连续倒塌的概念设计作出了规定。例如在国家标准《混凝土结构设计规范》GB 50010—2010 的第 3.6.1 条中规定：混凝土结构防连续倒塌设计宜符合下列要求：

1) 采取减小偶然作用效应的措施。
2) 采取使重要构件及关键传力部位避免直接遭受偶然作用的措施。
3) 在结构容易遭受偶然作用影响的区域增加冗余约束，布置备用的传力途径。
4) 增强疏散通道、避难空间等重要结构构件及关键传力部位的承载力和变形性能。
5) 配置贯通水平、竖向构件的钢筋，并与周边构件可靠地锚固。
6) 设置结构缝，控制可能发生连续倒塌的范围。

在行业标准《高层建筑混凝土结构技术规程》JGJ 3—2010 第 3.12.1 条中规定：安全等级为一级的高层建筑，应满足抗连续倒塌概念设计要求。并在第 3.12.2 条中规定：抗连续倒塌概念设计应符合下列要求：

1) 应采取必要的结构连续措施，增强结构的整体性。
2) 主体结构宜采用多跨规则的超静态结构。
3) 结构构件应具有适宜的延性，避免剪切破坏、压溃破坏、锚固破坏、节点先于构件破坏。
4) 结构构件应具有一定的反向承载能力。
5) 周边及边跨框架的柱距不宜过大。
6) 转换结构应具有整体多重传递重力荷载途径。
7) 钢筋混凝土结构梁柱宜刚接，梁板顶、底钢筋在支座处宜按受拉要求连续贯通。
8) 钢结构框架梁柱宜刚接。
9) 独立基础之间宜采用拉梁连接。

以上规定对需要考虑偶然荷载的建筑结构设计项目值得参考并重视。

10.2 爆炸荷载

有炸药、燃气、粉尘等引起的爆炸荷载宜按等效静力荷载采用。现行荷载规范仅对常规炸药及燃气两种爆炸荷载的设计值（即荷载标准值）给予规定，而对粉尘引起的爆炸荷载应由其他有关规范规定。

10.2.1 常规炸药爆炸荷载

有常规炸药地面爆炸的空气冲击波作用在结构构件上的等效均布静力荷载标准值，可按下式计算：

$$Q_{ce} = K_{de}P_c \qquad (10.2.1\text{-}1)$$

式中　Q_{ce}——作用在结构构件上的等效均布静力荷载标准值；

P_c——作用在结构构件的均布动荷载最大压力，可按国家标准《人民防空地下室设计规范》GB 50038—2005 第 4.3.2 条和第 4.3.3 条的有关规定采用；

K_{de}——动力系数，根据构件在均布动荷载作用下的动力分析结果，按最大内力与静力计算内力等效的原则确定。

根据上述规定，确定等效均布静力荷载的基本步骤如下：

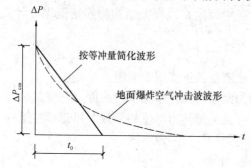

图 10.2.1　常规武器地面爆炸空气冲击波简化波形

1）确定爆炸冲击波波形参数，也即确定等效动荷载

《人民防空地下室设计规范》GB 50038—2005 第 4.3.2 条规定：在结构计算中，常规武器地面爆炸空气冲击波波形可取按等冲量简化的无升压时间的三角形（图 10.2.1）。

图中　ΔP_{cm}——常规武器地面爆炸空气冲击波最大超压（N/mm²）；

t_0——地面爆炸空气冲击波按等冲量简化的作用时间（s）。

常规武器地面爆炸冲击波最大超压 ΔP_{cm} 可按下式计算：

$$\Delta P_{cm} = 1.316 \left(\frac{\sqrt[3]{C}}{R}\right)^3 + 0.369 \Big/ \left(\frac{\sqrt[3]{C}}{R}\right)^{1.5} \tag{10.2.1-2}$$

式中　C——等效 TNT 装药量（kg），应按国家现行有关规定取值；

R——爆炸至作用点的距离（m），爆心至外墙外侧水平距离应按国家现行有关规定取值。

地面爆炸空气冲击波按等冲量简化的等效作用时间 t_0（s）可按下式计算：

$$T_0 = 4.0 \times 10^{-4} (\Delta P_{cm})^{-0.5} \sqrt[3]{C} \tag{10.2.1-3}$$

2）按单自由度体系强迫振动的方法分析确定结构构件的内力

从结构设计所需精度和尽可能简化计算的角度考虑，在常规炸药爆炸动荷载作用下，结构动力分析一般采用等效静荷载法。研究表明，在动荷载作用下，结构构件振型与相应静荷载作用下的挠曲线很相近，且动荷载作用下结构构件破坏规律与相应静荷载作用下的破坏规律基本一致，因而在动力分析时，可将结构构件简化为单自由度体系，运用结构动力学中对单自由度集中质量等效体系分析的结果，可获得相应的动力系数。

等效静荷载法一般适用于单个构件，而实际的建筑结构通常是由多个构件（如墙、梁、柱、楼板等）组成的体系。承受爆炸荷载时，荷载作用的时间有先后，且动荷载变化的规律也不一致，因而对建筑结构中的各构件进行精确分析其爆炸荷载产生的内力比较困难。为此采用近似、简化分析方法，将结构拆成单个构件，对每一个构件按单独的等效体系进行动力分析，但各构件的支座条件应按实际支承情况选取。对通道或其他简单、规则的结构也可近似作为一个整体构件按等效静荷载进行动力计算。

对特殊结构也可按有限自由度体系采用结构动力学方法直接求出结构内力。

3）按最大内力（弯矩、剪力、轴力等）等效的原则确定均布静力荷载等效静力荷载法规定：结构构件在等效静力荷载作用下的各项内力与动荷载作用下相应内力最大值相等，即可将动荷载视为静荷载。

10.2.2 燃气爆炸荷载

对于具有通口板（一般指窗口的平板玻璃）的房屋结构，当通口板面积 A_v 与爆炸空间体积 V 之比在 $0.05 \sim 0.15$ 之间，且体积 V 小于 $1000 \mathrm{m}^3$ 时，燃气爆炸的等效均布静力荷载标准值 p_k 可按下列公式计算并取其中的较大值：

$$p_k = 3 + p_v \tag{10.2.2-1}$$

$$p_k = 3 + 0.5p_v + 0.04 \Big/ \left(\frac{A_v}{V}\right)^2 \tag{10.2.2-2}❶$$

式中 p_v——通口板的额定破坏压力（$\mathrm{kN/m^2}$）；

A_v——通口板的面积（$\mathrm{m^2}$）；

V——燃炸空间的体积（$\mathrm{m^3}$）。

以上规定主要参照欧洲规范《由撞击和爆炸引起的偶然作用》EN1991－1－7 中的有关规定。其设计思想是通过通口板破坏后的泄压过程，提供爆炸空间内的等效静力荷载公式，以此确定作用在关键构件上由燃气爆炸引起的偶然荷载。

由于爆炸过程十分短暂，其持续时间可近似取 $\Delta t = 0.2\mathrm{s}$，可考虑构件抗爆设计抗力的提高。EN1991-1-7 给出的抗力提高系数按以下公式计算，可供结构设计人员参考。

$$\varphi_d = 1 + \sqrt{\frac{P_{sw}}{P_{Rd}}} \sqrt{\frac{2u_{max}}{g\,(\Delta t)^2}} \tag{10.2.2-3}$$

式中 φ_d——抗力提高系数；

P_{sw}——关键构件的自重；

P_{Rd}——关键构件在正常情况下的抗力设计值；

u_{max}——关键构件破坏时的最大位移；

g——重力加速度。

由于以往在我国的设计规范中缺少对燃气爆炸荷载量值的规定，因此在一些专用建筑设计规范中对燃气爆炸的抗爆设计只能采取构造措施的方法，但工程经验表明这些措施也是在设计中应遵循的有效规定。例如在国家标准《锅炉房设计规范》GB 50041—2008 第 15.1.2 条中规定：锅炉房的外墙、楼地面或屋面应有相应的防爆措施，并应有相当于锅炉间占地面积 10% 的泄压面积，当泄压面积不能满足上述要求时，可采用在锅炉房内墙和顶部（顶棚）敷设金属爆炸减压板作补充。泄压面积可将玻璃窗、天窗、质量小于 $120\mathrm{kg/m^2}$ 的轻质屋顶和薄弱墙体面积包括在内。再如《城镇燃气设计规范》GB 50028—2006 在第 8.9.1 条规定：对封闭式建筑应采取泄压措施等。

10.3 撞击荷载

现行荷载规范对建筑结构中的电梯下坠撞击底坑、汽车撞击建筑结构、直升机非正常

---

❶ 经查阅参考资料[36]现行荷载规范公式(10.2.3-2)中右边第三项有错,本书已在公式(10.2.2-2)改正。

着陆撞击屋顶结构的撞击荷载给予规定。

10.3.1 电梯竖向撞击荷载

根据对一些电梯厂家的电梯进行电梯撞击底坑时的撞击力最大值情况计算，可得出不同的电梯品牌、类型的撞击力与电梯总重力荷载的比值见表 10.3.1。

撞击力与电梯总重力荷载比值计算结果   表 10.3.1

电梯类型		品牌 1	品牌 2	品牌 3
无机房	低速客梯	3.7～4.4	4.1～5.0	3.7～4.7
有机房	低速客梯	3.7～3.8	4.1～4.3	4.0～4.8
	低速观光梯	3.7	4.9～5.6	4.9～5.4
	低速医梯	4.2～4.7	5.2	4.0～4.5
	低速货梯	3.5～4.1	3.9～7.4	3.6～5.2
	高速客梯	4.7～5.4	5.9～7.0	6.5～7.1

现行荷载规范根据表 10.3-1 的结果，并参考美国 IBC96 规范以及我国《电梯制造与安装安全规范》GB 7588—2003 规定：电梯竖向撞击荷载标准值可在电梯总重力荷载标准值的（4～6）倍范围内选取。

现行荷载规范的以上规定值仅适用于电力驱动的拽引式或强制式乘客电梯、病床电梯及载货电梯，不适用于杂物电梯和液压电梯。电梯总重力荷载标准值取电梯额定载重和轿厢自重标准值之和，并忽略电梯装饰荷载的影响。对高速电梯（额定速度不小于 2.5m/s）宜取上限值；对额定速度较大的电梯，相应的撞击荷载也应取较大值。

10.3.2 汽车撞击荷载

汽车撞击荷载可按下列规定采用：

1）顺车辆行驶方向的汽车撞击力标准值 P_k（kN）可按下式计算：

$$P_k = mv/t \tag{10.3.2}$$

式中 m——汽车质量（t），包括车自重和载重；

    v——汽车行驶速度（m/s）；

    t——撞击时间（s）。

2）撞击力计算参数 m、v、t 和荷载作用点位置宜按照实际情况采用。当无数据时，汽车质量可取 15t，汽车行驶速度可取 22.2m/s（相当于车速为 80km/h），撞击时间可取 1.0s，小型车和大型车的撞击力荷载作用点位置可分别取位于路面以上 0.5m 和 1.5m 处。

3）垂直于车辆行驶方向的撞击力标准值可取顺车辆行驶方向撞击力标准值的 0.5 倍，二者可不考虑同时作用。

现行荷载规范的以上规定是借鉴于《公路桥涵设计通用规范》JTG D60—2004 和《城市人行天桥与人行地道技术规范》CJJ 69—95 的有关规定。公式（10.3.2）是基于动量定理关于撞击力的一般公式，按此公式计算的撞击力，与欧洲规范相当。

建筑结构可能遭受汽车撞击的处所主要包括地下车库及汽车通道两侧的构件、路边建筑物等。由于所处的环境不同，车辆质量和车速等变化较大，因此设计人员在必要时，可根据实际工程情况进行撞击力调整。

10.3.3 直升机非正常着陆撞击荷载

直升机非正常着陆产生的撞击荷载可按下列规定采用：

1) 竖向等效静力撞击力标准值 P_k（kN）可按下式计算：

$$P_k = C \sqrt{m} \tag{10.3.3}$$

式中 C——系数，取 $3\mathrm{kN \cdot kg^{-0.5}}$；

m——直升机的质量（kg）。

2) 竖向撞击力的作用范围宜包括停机坪内任何区域以及停机坪边缘线 7m 之内的屋顶结构。

3) 竖向撞击力的作用区域宜取 $2\mathrm{m} \times 2\mathrm{m}$。

现行荷载规范的以上规定主要参考欧洲规范 EN1991-1-7 的有关内容而规定。

10.4 例题

【例题 10-1】 某住宅中使用燃气做饭的厨房间，其平面尺寸为 $1.8\mathrm{m} \times 4.5\mathrm{m}$，净高为 2.5m。通口板（泄爆窗）面积为 $2.4\mathrm{m}^2$，其上安装有 5mm 厚的普通玻璃，玻璃的额定破坏压力 p_v 为 $3.5\mathrm{kN/m}^2$。试求发生燃气爆炸事件时，由燃气爆炸产生的等效均布静力荷载 p_k 值。

【解】 按现行荷载规范第 10.2.3 条规定：通口板面积 A_v 与爆炸空间体积 V 之比在 $0.05 \sim 0.15$ 之间且体积 V 小于 $1000\mathrm{m}^3$ 时，燃气爆炸的等效均布静力荷载 P_k 应从公式 （10.2.3-1）及公式（10.2.3-2） （即本书公式（10.2-4）及公式（10.2-5））中取其较大值。

今 $A_v = 2.4\mathrm{m}^2$，$V = 1.8 \times 4.5 \times 2.5 = 20.25\mathrm{m}^3$，$A_v/V = 2.4/20.25 = 0.119$ 完全符合上述规定的条件，由规范公式（10.2.3-1）：$p_k = 3 + p_v = 3 + 3.5 = 6.5\mathrm{kN/m}^2$

由规范公式（10.2.3-2）：$p_k = 3 + 0.5 p_v + 0.04 / \left(\dfrac{A_v}{V} \right)^2$

$$= 3 + 0.5 \times 3.5 + 0.04 \ (0.119)^2$$

$$= 7.57\mathrm{kN/m}^2$$

应取 $p_k = 7.57\mathrm{kN/m}^2$。

根据以上计算可看出燃气爆炸事件产生的偶然荷载量值较大。爆炸时将产生向上、向下及四周的爆炸荷载可能导致厨房间四周墙体和楼板、顶板的破坏。

【例题 10-2】 某钢筋混凝土剪力墙结构住宅中的有机房拽引式乘客电梯，其额定载重量为 1.35t，轿厢重 1.5t，额定行驶速度为 1.75m/s。试确定电梯发生不正常行驶事故（坠落）时，在电梯底坑中的轿厢缓冲器上的竖向撞击荷载标准值 P_k。

【解】 电梯竖向撞击荷载标准值 P_k 应按现行荷载规范第 10.3.1 条的规定确定。考虑到该电梯的行驶速度为 1.75m/s，不属于高速电梯，故竖向撞击荷载可取 4 倍电梯重力荷载。

今电梯总重力荷载 $G=$（额定载重量＋轿厢自重）$g=(1.35+1.5)\times9.81=28kN$

故竖向撞击荷载 $P_k=4\times28=118kN$

注：依据《电梯制造及安装安全规范》GB 7588—2003 第 5.3.2.2 条规定：轿厢缓冲器支座下的底坑地面应能承受满载轿厢 4 倍的作用力。因此可见其规定与现行荷载规范的有关规定基本相同。

【例题 10-3】 某高层建筑的梁板式钢筋混凝土屋盖，其部分面积可作为直升机停机坪，专供停泊国产直升机 Z-11 使用。已知 Z-11 最大起飞重量为 2200kg，试问该停机坪在直升机非正常着陆时产生的撞击竖向等效静力撞击力标准值为何值？

【解】 直升机在非正常着陆时，竖向等效静力撞击力标准值 P_k 应按现行荷载规范第 10.3.3 条公式（10.3.3）计算，今 $m=2200kg$，代入公式（10.3.3）得：

$$P_k=3\sqrt{m}=3\sqrt{2200}=140.7kN$$

该撞击力的作用范围包括停机坪内任何区域以内以及停机坪边缘线 7m 之内的屋顶结构。此外，该撞击力的作用区域可取 $2m\times2m$。其局部均布荷载标准值 $q_k=140.7/(2\times2)=35.2kN/m^2$

附录 荷载参考资料

附录 1 电子信息系统机房楼面均布活荷载（摘自《电子信息系统机房设计规范》GB 50174—2008）

电子信息系统用房楼面均布活荷载标准值（kN/m²）　　附表 1-1

用房类别	均布活荷载标准值	备 注
主机房	8～10	应根据机柜的摆放密度确定荷载值
主机房吊挂荷载	1.2	—
不间断电源系统室	8～10	—
电池室	16	蓄电池组双列 4 层摆放
监控中心	6	—
钢瓶间	8	—
电磁屏蔽室	8～10	—

附注：1. 表中各用房楼面均布活荷载标准值与电子信息系统机房的所属级别无关；

2. 表中均布活荷载标准值的组合值系数、频遇值系数、准永久值系数分别为 0.9、0.9、0.8。

附录 2 商业仓库库房楼（地）面均布活荷载（摘自中华人民共和国原商业部标准《商业仓库设计规范》SBJ 01—88）

1. 库房楼（地）面的荷载应根据储存商品的容重及堆码高度等因素确定；

2. 储存商品的商品包装容重可按以下分类：

(1) 笨重商品（大于 1000kg/m³）：如五金原材料、工具、圆钉、铁丝等；

(2) 容重较大商品（500～1000kg/m³）：如小五金、纸张、包装食糖、肥皂、食品罐头、电线、电工器材等；

(3) 容重较轻商品（200～500kg/m³）：如针棉织品、纺织品、文化用品、搪瓷玻璃制器、塑料制品等；

(4) 轻泡商品（小于 200kg/m³）：如胶鞋、铝制品、灯泡、电视机、洗衣机、电冰箱等；

(5) 综合仓库储存商品的包装容重一般可采用 400～500kg/m³。

3. 一般情况下，商业仓库库房楼（地）面均布活荷载可按附表 2-1 取用。

商业仓库库房楼（地）面均布活荷载   附表2-1

项次	类　别	标准值 (kN/m²)	准永久值系数 ψ_q	组合值系数 ψ_c	备　注
1	储存容重较大商品的楼面	20	0.8		考虑起重量1000kg以内的叉车作业
2	储存容重较轻商品的楼面	15	0.8		
3	储存轻泡商品的楼面	8～10	0.8		—
4	综合商品仓库的楼面	15	0.8	0.9	—
5	各类库房的底层地面	20～30	0.8		—
6	单层五金原材料库的库房地面	60～80	0.8		考虑载货汽车入库
7	单层包装糖库的库房地面	40～45	0.8		
8	穿堂、走道、收发整理间楼面	10	0.5	0.7	—
		15	0.5		考虑起重量1000kg以内的叉车作业
9	楼梯	3.5	0.5	0.7	—

附录3　物资仓库楼（地）面均匀荷载（摘自中华人民共和国行业标准《物资仓库设计规范》SBJ 09—95）

物资仓库楼（地）面均布活荷载标准值见附表3-1。

库房等效均布活荷载标准值   附表3-1

库房		楼面	等效均布活	准永久值	组合值	备　注
名　称	物资类别	地面	荷载（kN/m²）	系数 ψ_q	系数 ψ_c	
金属库	—	地面	120.0	—		—
机电产品库	一、二类机电产品	地面	35.0	—		—
	三类机电产品	楼/地面	9.0/5.0	0.85		堆码/货架
	车库	楼面	4.0	0.80	0.9	
化工、轻工物资库	一、二类化工轻工物资	地面	35.0	—		
	三类化工轻工物资	楼/地面	18.0/30.0	0.85		
建筑材料库	—	楼/地面	20.0/30.0	0.85		
楼梯			4.0	0.50	0.7	

注：1. 物资类别参见附表3-2；

　　2. 设计仓库的楼面梁、柱、墙及基础时，楼面等效均布活荷载标准值不折减。

常见生产资料分类表   附表3-2

物资类别		示　例
金属物资	黑色金属	型材、异型材、板材、管材、线材、丝材、钢轨及配件车轮、钢带、钢锭、钢坯、生铁、铸铁管、金属锰
	有色金属	型材、板材、管材、丝材、带材、金属锭、汞
机电产品	一类	锅炉、破碎机、推土机、挖土机、汽车、拖拉机、起重机、锻压设备、汽轮机、发电机、卷扬机、空气压缩机、木工机床、金属切削机床
	二类	水泵、风机、乙炔发生器、阀门、风动工具、电动葫芦、台钻、砂轮机、电动机、电焊机、手提式电钻、材料试验机、钢瓶、变压器、电缆、高压电器、低压电器
	三类	机床附件、磨具、磨料、量具、刃具、轴承、成分分析仪器、医疗器械、电工仪表、工业自动化仪表、光学仪器、实验室仪器

物资类别		示　例
化工、轻工物资	一类	一级易燃液体、压缩气体及液化气体、腐蚀性液体、自燃物品
		一级易燃固体、遇水燃烧物、一般氧化剂、剧毒品、腐蚀性固体
	二类	二级氧化剂、二级易燃固体、二级易燃液体、化肥、纯碱、油漆
	三类	橡胶原料及制品、人造橡胶、塑料原料及制品、纸浆及纸张
建筑材料		水泥、油毡、玻璃、沥青、卫生陶瓷、生石灰、大理石、砖、瓦、砂、碎石
木材		原木、板、枋、枕木、胶合板
煤炭		煤、泥炭、焦炭

附录4　邮件处理中心用房楼面均布活荷载标准值摘自《邮件处理中心工程设计规范》YD 5013—95

1. 邮件处理中心楼板和主次梁等效均布活荷载标准值应按附表4-1确定。梁的等效均布活荷载标准值等于梁上与梁下等效均布活荷载标准值之和。取值不得随意增大。如果条件改变，荷载标准值必须另行计算。

邮件处理中心楼面和主次梁等效均布活荷载标准值（kN/m²）　　附表4-1

车间名称	楼　板				主次梁	
	多孔预制板（板跨7.2~2.7m）			单向配筋现浇板	梁上	梁下
	板宽（m）			板跨（m）		
	0.75	1.00	1.20	3.6~2.3		
信函	6.00	6.00	6.00	6.00	4.00	—
包裹印刷品报纸	9.00	7.00	7.00	6.00	5.00	—
期刊及转运	11.00	9.00	8.00	7.00	6.00	—
各车间梁下吊挂设备	推式悬挂输送机滑轨贮存系统				—	2.50
	带式输送机出袋系统				—	2.00
	程控开拆电葫芦普式悬挂输送机				—	1.00

2. 当表4-1不能满足要求并超过适用范围时，应按下列实际情况，根据工艺流程的设备重量、外形尺寸和支承情况，邮件贮存方式和重量以及建筑结构情况另行计算板、梁的等效均布活荷载。

3. 邮件处理中心的邮件堆积重度标准值可按附表4-2确定。

邮件堆积重度标准值（kN/m³）　　附表4-2

邮件种类	信函	普通包裹	商业包裹	印刷品	报纸	期刊	空袋
堆积重度	2.80	2.00	3.00	3.30	4.80	4.50	3.60

注：1. 表中数值是各类邮件装入邮袋后所测定的值；

2. 有大宗印刷品（如新华书店或印刷厂交寄的书刊）时，则应按期刊的堆积重度计算；

3. 普通包裹、商业包裹的物质内容比较复杂，各地差别较大，在使用本表数值时，应按各地实际情况修正。

4. 邮件处理中心未装入邮袋，码放整齐的书刊杂志和画报的堆积重度标准值应按附表4-3

确定。

附表 4-3

书刊杂志画报的堆积重度标准值（kN/m³）

类 别	书刊杂志			画报
纸质	新闻纸	新闻纸	道林纸	画报纸
装订方式	骑马钉装订	线装或平钉装订	线装或平钉装订	骑马钉装订
重度	5.70	6.40	9.40	10.00

5. 拖车、托盘相关尺寸和重量参数应按附表 4-4 确定。

附表 4-4

拖车、托盘尺寸和重量参数

贮存方式	外形尺寸 长×宽	轴距 (m)	轮距 (m)	装载尺寸 长×宽	排列净间距 (m)	自重 (kN)	装载要求	
							总重 (kN)	总高 (m)
拖车	2.4×1.2	1.4	0.96	2.3×1.4	0.3	5.00	20.00	<1.8
托盘车	1.3×1.0	0.8	0.6	1.3×1.1	0.2	1.00	7.50	<1.4
托盘	1.2×0.85	四足距离: 70×0.58		1.2×0.85	0.2	1.00	10.00	<1.4

6. 设备的尺寸和重量参数。

1）推式悬挂输送机滑轨贮存系统，吊挂平均荷载为 1.8kN/m²（注：考虑了上人的操作荷载，并增加了 10％的不可预见荷载）。

2）其他分拣设备和输送设备的尺寸和重量应根据厂家提供的设备参数确定。

7. 其余不同用途的房屋楼面荷载要求应按现行国家标准《建筑结构荷载规范》执行。

附录 5　汽车活荷载标准值(摘自《城市桥梁设计规范》CJJ 11—2011)

建筑结构设计中的汽车活荷载可根据设计需要按城-A 级车辆荷载和城-B 级车辆荷载的标准载重汽车确定，其技术数据应符合下列规定：

1. 城-A 级标准载重汽车应采用五轴式货车加载，总重 700kN，前后轴距为 18.0m，行车限界横向宽度为 3.0m（附图 5-1）。

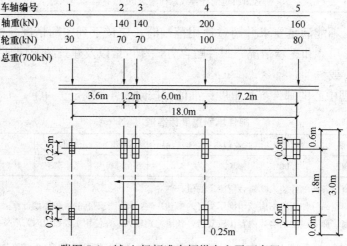

附图 5-1　城-A 级标准车辆纵向和平面布置

2. 城-B级标准载重汽车应采用三轴式货车加载，总重300kN，前后轴距为4.8m，行车限界横向宽度为3.0（附图5-2）。

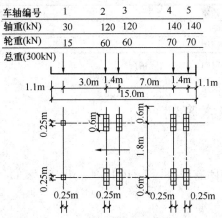

附图 5-2　城-B级标准车辆纵向和平面布置

附录6　医院建筑中布置有医疗设备的楼（地）面活荷载（摘自《全国民用建筑工程设计技术措施》2009 年版结构分册结构体系篇）

有医疗设备的楼（地）面均布活荷载　　　　附表 6-1

项次	类　　别	标准值（kN/m²）	准永久值系数 ψ_q	组合值系数 ψ_c
1	X 光室： 1. 30MA 移动式 X 光机 2. 200MA 诊断 X 光机 3. 200kV 治疗机 4. X 光存片室	2.5 4.0 3.0 5.0	0.5 0.5 0.5 0.8	0.7
2	口腔科： 1. 201 型治疗台及电动脚踏升降椅 2. 205 型、206 型治疗台及 3704 型椅 3. 2616 型治疗台及 3704 型椅	3.0 4.0 5.0	0.5 0.5 0.8	0.7
3	消毒室： 1602 型消毒柜	6.0	0.8	0.7
4	手术室： 3000 型、3008 型万能手术床及 3001 型骨科手术台	3.0	0.5	0.7
5	产房： 设 3009 型产床	2.5	0.5	0.7
6	血库： 设 D-101 型冰箱	5.0	0.8	0.7
7	药库	5.0	0.8	0.7

项次	类　　别	标准值（kN/m²）	准永久值系数 ψ_q	组合值系数 ψ_c
8	生化实验室	5.0	0.7	0.7
9	CT检查室	6.0	0.8	0.7
10	核磁共振检查室	6.0	0.8	0.7

注：当医疗设备型号与表中不符时，应按实际情况采用。

附录7　吊车技术资料

1. 大连吊车技术资料

1）大连重工，起重集团有限公司 DHQD08（5t~80/20t）

通用桥式起重机

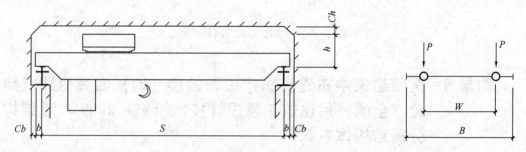

$Ch \geqslant 300(Q=5t\sim25t), Ch \geqslant 400(Q=32t\sim100t); Cb \geqslant 80(b \leqslant 300), Cb \geqslant 100(b=300)$

4 轮吊车参数数据　　　　　　　　　　　　　　　　　　　　　　附表 7-1

起重量 Q（t）	工作级别	跨度 S（m）	起升高度（m）		运行速度（m/min）		基本尺寸（mm）				轨道型号	重量（t）		轮压（kN）	
			主钩	副钩	大车	小车	B	W	h	b		小车重	总重	P_{max}	P_{min}
5	A5	16.5	16	—	63	40	5720	3600	1350	168	P38	1.5	14.8	69.2	44.4
		19.5											16.8	74.4	48.9
		22.5											18.3	78.4	52.3
		25.5											21.3	86.1	59.3
		28.5					5840	5000					24.8	95	67.6
		31.5											26.8	100.2	72.2
		34.5											31.3	111.5	82.9
	A6	16.5	16	—	80	40	5300	3600	1350	168	P38	1.8	15.6	71.7	45.7
		19.5											17.6	77	50.3
		22.5											19.5	82.6	55.3
		25.5											22.5	90.3	62.3
		28.5					5920	5000					26	99.2	70.6
		31.5											28	104.5	75.2
		34.5											33	117.1	87.1

起重量 Q(t)	工作级别	跨度 S(m)	起升高度 (m)		运行速度 (m/min)		基本尺寸 (mm)				轨道型号	重量 (t)		轮压 (kN)	
			主钩	副钩	大车	小车	B	W	h	b		小车重	总重	P_{max}	P_{min}
10	A5	16.5	16	—	63	40	6000	4000	1490	168	P38	2.5	18.8	102.7	54.9
		19.5											20.8	108.2	59.2
		22.5											22.3	112.5	62.3
		25.5											25.9	123.5	72
		28.5					6320	5000					29.5	132.8	80.1
		31.5											32.5	140.8	86.9
		34.5											36.2	151.2	96.1
	A6	16.5	16	—	80	40	6040	4000	1350	168	P38	3	19.9	106.3	56.6
		19.5											22.5	114.8	63.8
		22.5											24	119.1	66.9
		25.5											27	127.1	73.6
		28.5					6320	5000					30.5	136.3	81.5
		31.5											32.5	141.9	85.8
		34.5											37.5	154.7	97.4
16	A5	16.5	16	—	63	40	6040	4000	1985	200	P43	4	23	142.5	66.1
		19.5											25	148.4	70
		22.5											26.5	153.1	72.7
		25.5											30.2	164.4	82.1
		28.5					6440	5000					33.7	174.1	89.8
		31.5											36.7	182.4	96.2
		34.5											40.4	193.2	105
	A6	16.5	16	—	80	40	6300	4200	1985	200	P43	4.4	24	145.6	67.7
		19.5											26.6	154.5	74.6
		22.5											28.1	159.2	77.3
		25.5											31.1	167.6	83.6
		28.5					6880	5000					35.6	182.3	96.3
		31.5											28.6	166.1	78.2
		34.5											42.6	201.4	111.5
20/5	A5	16.5	16	16	91	38.7	7180	4500	2150	230	P43	5	24.7	165.8	70.4
		19.5											26.8	172.3	74.5
		22.5											29.6	180.2	79.9
		25.5					7230						33.8	193.3	90.5
		28.5					7530	4800					36.9	202.3	97.1
		31.5			92		7730	5000	2252	250			39.8	210.5	102.8
		34.5					8030	5300					43.7	221.9	111.7

起重量 Q (t)	工作级别	跨度 S (m)	起升高度 (m) 主钩	起升高度 (m) 副钩	运行速度 (m/min) 大车	运行速度 (m/min) 小车	基本尺寸 (mm) B	W	h	b	轨道型号	重量 (t) 小车重	重量 (t) 总重	轮压 (kN) P_{max}	轮压 (kN) P_{min}
20/5	A6	16.5					7180		2210	230			25.5	169.4	70.9
		19.5						4500	2212				28.4	179.2	78.3
		22.5					7230						31.3	187.7	84.3
		25.5	16	16	103	38.5				250	P43	5.8	35	197.9	91.9
		28.5					7530	4800	232				38.7	211	102.5
		31.5					7730	5000					42.1	220.4	109.4
		34.5					8030	5300					45.8	230.7	117.2
25/5	A5	16.5					7180		2210	230			25.6	198	80.3
		19.5			91			4500	2212				28.7	206.4	85.8
		22.5					7230			250			31.6	215.5	91.8
		25.5	16	16		38.5			2312		P43	5.8	35.6	227	100.3
		28.5			92		7530	4800					40.3	242.4	112.7
		31.5					7730	5000	2327	300			44.2	253.5	120.8
		34.5					8030	5300					50.5	270.5	134.8
	A6	16.5							2212	250			26.7	201.9	81.5
		19.5			103		7530	4800					29.5	210.5	87
		22.5							2312				32.7	219.8	93.2
		25.5	16	16		38.5					P43	6.5	37.8	236.3	106.6
		28.5			105		7830	5000	2327	300			41.5	247.1	114.3
		31.5					8030	5200					45.7	258.3	122.4
		34.5					8130	5300	2427				51.5	274.7	135.7
32/5	A5	16.5					730	4800	2313	250			28	237.4	91.7
		19.5											31	246.5	97.1
		22.5											34.6	257.3	104.2
		25.5	16	16	92	38.5	7830	5000			P43	6.1	39.6	273.8	116.6
		28.5							2327	300			43.4	285.4	124.7
		31.5					8130	5300					49.6	302.3	137.9
		34.5											54.5	316.3	148.2
	A6	16.5					7530	4800	2417		P43		30.9	249.7	94.1
		19.5											34.9	264	104.4
		22.5											38.6	274.9	111.3
		25.5	16	16	104	38.5	7830	5000		300		8.7	42.6	286.7	119.2
		28.5									QU80		46.5	298.2	126.7
		31.5					8130	5300	2517				53	316.5	141
		34.5											58.1	330.8	151.3

起重量 Q (t)	工作级别	跨度 S (m)	起升高度 (m) 主钩	副钩	运行速度 (m/min) 大车	小车	基本尺寸 (mm) B	W	h	b	轨道型号	重量 (t) 小车重	总重	轮压 (kN) P_{max}	P_{min}
40/10	A5	16.5	16	16	92	38.5	7530	5000	2417	300	P43	9.1	34.5	287.7	100.1
		19.5											38.6	302.7	110.3
		22.5											42.5	314.6	117.4
		25.5					8030	5200	2517				46.6	327.2	125.2
		28.5											51.5	343.4	136.6
		31.5					8330	5500	2519		QU80		58.8	363.8	152.1
		34.5											64	379	162.6
	A6	16.5	16	16	104	38.7	7830	5000	2517	300	P43	10.3	37.1	299.1	106.7
		19.5											40.3	309.4	112.1
		22.5											44.1	321.3	119
		25.5					8030	5200					49.2	338.5	131.3
		28.5					8070				QU80		53.8	352	139.9
		31.5					8370	5500	2519				60.9	372.1	155
		34.5											66.3	387.6	165.5
50/10	A5	16.5	16	16	82	38.7	7830	5000	2417	300	QU80	10	36.8	341.2	112.1
		19.5											41.8	356.2	121.2
		22.5					8070	5200	2519				45.8	369	128.1
		25.5											52.3	390	143.2
		28.5					8170	5300					57.5	405.8	153.2
		31.5					8370	5500	2619				62.1	420	161.5
		34.5											69.8	444.5	180.1
	A6	16.5	16	16	104	38.7	8370	5500	2629	300	QU80	16.3	43.5	369.8	116.4
		19.5											48.5	385.3	125.4
		22.5					8570	5700	2729				53.4	402.5	136
		25.5											59.3	420.6	147.6
63/16	A5	16.5	16	16	82	38.7	8070	5200	2729	300	QU100	16.4	47	436.5	132.9
		19.5											51	450.2	138.8
		22.5					8270	5400					55.8	467.8	148.6
		25.5							2927				62.8	488.9	161.9
80/20	A6	16.5	16	16	73	38.5	8330	5500	3057	300	QU100	19.2	54.9	540.1	161.1
		19.5											60.1	557.6	168.9
		22.5											64.8	574.1	175.6
		25.5											72.1	596.9	188.7

2）大连重工·起重集团有限公司 DHQD08（50/10t～100/20t）
通用桥式起重机

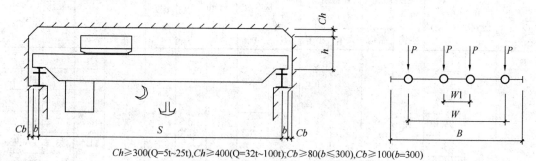

$Ch \geqslant 300(Q=5t\sim25t), Ch \geqslant 400(Q=32t\sim100t), Cb \geqslant 80(b \leqslant 300), Cb \geqslant 100(b=300)$

8 轮吊车参数数据　　　　　　　　　　　　　　　　　附表 7-2

起重量 Q (t)	工作级别	跨度 S (m)	起升高度 (m)		运行速度 (m/min)		基本尺寸 (mm)					轨道型号	重量 (t)		轮压 (kN)	
			主钩	副钩	大车	小车	B	W	$W1$	h	b		小车重	总重	P_{max}	P_{min}
50/10	A6	28.5	16	16	104	38.7	8330	6000	1400	3057	300	QU80	16.3	64.7	218.5	78.7
		31.5												70.5	228.7	85.7
		34.5												77.0	238.3	92.1
	A5	28.5	16	16	82	38.7	8330	6000	1400	2927	300	QU100	16.4	68.7	253.6	86.3
		31.5												76.4	266.5	95.3
		34.5												83.4	277.1	101.9
63/16	A6	16.5	16	16	104	38.5	8330	6000	1400	2927	300	QU100	19.6	50.5	255.7	67.8
		19.5												55.3	234.6	72.7
		22.5												59.7	242.0	76.1
		25.5												66.6	252.5	82.5
		28.5												72.7	263.7	89.7
		31.5					8830	6500	1500					80.5	275.3	97.3
		34.5												89.2	290.0	107.9
	A5	28.5	16	16	73	38.5	8830	6500	1500	3057	300	QU100	19.2	79.9	310.5	101.6
		31.5												86.7	321.3	107.5
		34.5												94.0	332.6	114.0
80/20	A6	16.5	16	16	92	38.5	8330	6000	1400	3057	300	QU100	22.0	58.1	27.6	82
		19.5												63.4	285.7	86
		22.5												68.2	294.2	89.3
		25.5												77.7	310.6	100.7
		28.5	16	16	92	38.5	8830	6500	1500	3059	300	QU100	22.0	85.5	322.6	107.8
		31.5												93.5	336.2	116.3
		34.5												100.8	347.7	122.8

起重量 Q(t)	工作级别	跨度 S(m)	起升高度(m)		运行速度(m/min)		基本尺寸（mm）					轨道型号	重量(t)		轮压（kN）	
			主钩	副钩	大车	小车	B	W	W1	h	b		小车重	总重	P_{max}	P_{min}
100/20	A5	16.5	16	16	73	38.5	8830	6500	1500	3057	300	QU100	21.7	61.5	324.8	92.3
		19.5												66.7	334.2	95.7
		22.5												74.6	347.2	102.8
		25.5												82.8	362.2	111.8
		28.5								3059				91.1	375.4	119.0
		31.5												98.5	387.4	125.1
		34.5												106.3	400.0	131.7
	A6	16.5	16	16	92	38.5	8830	6500	1500	3059	300	QU100	24.0	66.2	334.5	97.5
		19.5												71.3	343.7	100.7
		22.5												79.7	359.6	110.4
		25.5												88.7	373.7	118.4
		28.5												95.8	385.3	124.0
		31.5					9070	6600	1600					104.2	398.7	131.3
		34.5												113.3	412.9	139.4
125/32	A5	16.5	18	19	61	33.6	9070	6600	1600	3065	300	QU100	23.7	70.7	396.6	110.9
		19.5												76.1	407.6	114.6
		22.5												85.7	418.6	118.2
		25.5												90.5	432	124.4
		28.5												98.5	444.3	129.3
		31.5												105.1	457.7	135.4
		34.5												119.3	467.5	137.9
	A6	16.5	18	19	64	33.6	9070	6600	1600	3165	300	QU100	25.0	71.3	407.7	117.2
		19.5												80.7	418.8	120.8
		22.5												87.5	436	130.6
		25.5												95.5	448.3	135.4
		28.5					9670	7200	2200					105.8	458.1	137.8
		31.5												113.1	471.6	143.9
		34.5												127.5	481.5	146.3

2. 北京吊车技术资料

1）北京起重运输机械设计研究院 QDL 系列（5t～50/10t）轻量化通用桥式起重机

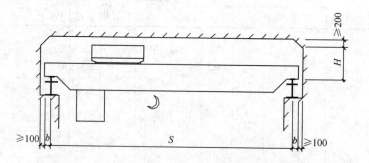 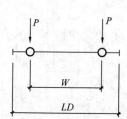

4 轮吊车参数数据　　　　　　　　　　　　　　附表 7-3

起重量 Q（t）	工作级别	跨度 S（m）	起升高度（m）主钩	副钩	运行速度（m/min）大车	小车	基本尺寸（mm）LD	W	H	b	轨道型号	重量（t）小车重	总重	轮压（kN）P_{max}	P_{min}
5	A5	10.5		—	16	33.68	5650	3000	1521	260	P38	1.361	9.2	60	9
		13.5					5600						10.5	64	12
		16.5	82.14						1621				11.8	68	15
		19.5					5800	3500	1671				13.7	73	19
		22.5					5850						15.6	78	23
		25.5					6550		1767				18.9	84	28
		28.5	84.2				6500	5000					21.9	90	34
		31.5							1867				23.9	96	40
	A6	10.5		—	16	32.17	5650	3000	1521	260	P38	1.514	9.4	61	9
		13.5					5600						10.7	66	12
		16.5	87.09						1621				12	70	15
		19.5					5800	3500	1671				13.9	75	19
		22.5					5850						15.8	80	24
		25.5					6550		1767				19.1	86	29
		28.5	84.2				6500	5000					22	92	35
		31.5							1867				24.1	98	41
10	A5	10.5		—	16	32.17		3000	1621	260	P38	2.152	10.8	88	11
		13.5					5720						12.2	94	14
		16.5	85.11										13.6	99	17
		19.5					5900	3500	1671				15.5	104	21
		22.5											17.4	109	26
		25.5					6500		1767				20.6	117	33
		28.5	84.2					5000					23.2	123	39
		31.5					6550		1867				25.8	130	45

起重量 Q (t)	工作级别	跨度 S (m)	起升高度 (m) 主钩	起升高度 (m) 副钩	运行速度 (m/min) 大车	运行速度 (m/min) 小车	基本尺寸 (mm) LD	基本尺寸 (mm) W	基本尺寸 (mm) H	基本尺寸 (mm) b	轨道型号	重量 (t) 小车重	重量 (t) 总重	轮压 (kN) P_{max}	轮压 (kN) P_{min}
10	A6	10.5	16	—	85.11	36.19	5720	3000	1621	260	P38	2.444	11.1	90	11
		13.5											12.5	95	14
		16.5											13.9	100	18
		19.5					5900	3500	1671				15.8	106	22
		22.5											17.7	110	26
		25.5			91.74		6500						20.9	118	32
		28.5						5000	1767				23.6	124	38
		31.5					6550		1867				26.2	130	44
16/3.2	A5	10.5	16	18	84.2	34.56	5900	3500	1905	260	P38	3.653	13.5	115	14
		13.5											15.2	122	21
		16.5					5800						17	130	21
		19.5					6050	4000	2027				19.8	137	26
		22.5			84.82								22.3	142	30
		25.5					6000						25.1	151	37
		28.5					6500	5000	2129				28	158	43
		31.5					6550						31.2	165	49
16/3.2	A6	10.5	16	18	84.2	34.56	5900	3500	1905	260	P38	4.43	14.3	122	16
		13.5											16	130	18
		16.5					5800						17.9	137	22
		19.5					6050	4000	2027				20.7	146	27
		22.5			84.82								23.2	153	32
		25.5					6000						25.9	160	38
		28.5					6500	5000	2129				28.9	167	44
		31.5					6550						32.1	175	51
20/5	A5	10.5	16	18	84.2	34.56	6800	4500	1993	260	QU70	5.979	16.7	142	17
		13.5											18.4	152	21
		16.5					6750						20.6	160	24
		19.5					6800						23.9	169	31
		22.5			84.82		6750		2115				26.4	177	37
		25.5					6800						30.2	187	44
		28.5					7050	5000	2265				33.2	196	52
		31.5					7100						36.6	204	59

起重量 Q (t)	工作级别	跨度 S (m)	起升高度 (m) 主钩	起升高度 (m) 副钩	运行速度 (m/min) 大车	运行速度 (m/min) 小车	基本尺寸（mm） LD	基本尺寸（mm） W	基本尺寸（mm） H	基本尺寸（mm） b	轨道型号	重量（t） 小车重	重量（t） 总重	轮压（kN） P_{max}	轮压（kN） P_{min}
20/5	A6	10.5	16	18	84.2	34.56	6800	4500	2029	260	QU70	6.996	17.7	147	18
		13.5					6800		2029				19.5	158	22
		16.5					6750						21.7	166	26
		19.5					6800						25	175	32
		22.5			84.82		6750		2151				27.4	182	37
		25.5					6800						31.2	191	44
		28.5					7050	5000	2301				34.2	200	51
		31.5					7100						37.6	208	58
25/5	A5	10.5	16	18	74.4	36.62	6800	4500	2029	260	QU70	6.996	18.2	168	19
		13.5					6850		2029				20.1	179	22
		16.5					6750						22.2	189	27
		19.5					6800						25.5	200	35
		22.5			84.82		6850		2151				28.1	210	41
		25.5					6750						31.2	218	48
		28.5					7000	5000	2301				34.5	228	57
		31.5					7050						37.7	240	67
	A6	10.5	16	18	84.82	31.67	6800	4500	2313	260	QU100	7.34	20.3	170	20
		13.5					6850		2313				22.1	182	24
		16.5					6750						24.3	192	29
		19.5					6800						26.9	202	35
		22.5			91.11		6850		2413				29.5	211	41
		25.5					6750						32.6	221	49
		28.5					7000	5000	2415				35.9	232	59
		31.5					7050						39.1	241	66
32/8	A5	10.5	16	18	67.86	31.67	6700	4500	2091	260	QU70	7.34	18.7	197	19
		13.5					6700		2091				20.7	210	23
		16.5					6750						22.7	221	28
		19.5					6700		2213				26.4	233	35
		22.5			65.97								29	244	43
		25.5					6750		2313				32	252	58
		28.5					7050	5000	2365				39.6	261	57
		31.5					7100						43.5	271	65

起重量 Q (t)	工作级别	跨度 S (m)	起升高度 (m) 主钩	起升高度 (m) 副钩	运行速度 (m/min) 大车	运行速度 (m/min) 小车	基本尺寸 (mm) LD	基本尺寸 (mm) W	基本尺寸 (mm) H	基本尺寸 (mm) b	轨道型号	重量 (t) 小车重	重量 (t) 总重	轮压 (kN) P_{max}	轮压 (kN) P_{min}
32/8	A6	10.5	16	18	84.82	35.63	6750	4500	2473	260	QU100	8.036	20.6	206	22
		13.5					6800						22.6	220	26
		16.5					6850						25	231	31
		19.5					6800						27.7	242	38
		22.5					6850						30.4	253	46
		25.5			81.68		6750						33.8	263	53
		28.5					7050	5000	2575				42.4	273	61
		31.5					7100						46.6	284	71
40/8	A5	10.5	16	18	65.97	35.63	6800	4500	2373	260	QU100	8.036	21.6	238	22
		13.5					6850						23.6	253	26
		16.5					6750		2375				25.8	265	30
		19.5					6800						28.8	278	39
		22.5					6850						31.8	288	45
		25.5					6750		2475				35	300	54
		28.5					7050	5000	2477				39.1	309	62
		31.5					7100						42.6	319	69
	A6	10.5	16	18	84.82	35.19	6800	4500	2544	260	QU100	10.634	24.4	242	27
		13.5					6850						26.5	259	31
		16.5					6900		2546				28.9	274	36
		19.5					6800						32.3	287	43
		22.5					6850						35.6	300	51
		25.5			81.68		6900		2646				39	313	60
		28.5					7050	5000	2648				43.5	325	70
		31.5					7100						47.4	337	80
50/10	A5	10.5	16	18	65.97	35.19	6750	4500	2663	260	QU100	10.634	24.9	279	26
		13.5					6700						27	298	29
		16.5					6750						29.6	314	34
		19.5					6800						32.9	328	42
		22.5					6850		2715				36.1	338	47
		25.5					6750						39.6	354	57
		28.5					7050						44.4	370	70
		31.5					7100	5000	2817				48.3	382	80

起重量 Q(t)	工作级别	跨度 S(m)	起升高度(m)		运行速度(m/min)		基本尺寸(mm)				轨道型号	重量(t)		轮压(kN)	
			主钩	副钩	大车	小车	LD	W	H	b		小车重	总重	P_{max}	P_{min}
50/10	A6	10.5	16	18	81.68	35.19	6750	4500	2813	260	QU100	11.341	26.2	292	32
		13.5					6800						28.4	314	36
		16.5					6750		2815				31.2	332	42
		19.5					6800						34.5	349	51
		22.5					6850		2915				38.3	364	60
		25.5			83.25		6750						42.2	377	69
		28.5					7050	5000	3017				47	393	82
		31.5					7100						51.7	408	93

2) 北京起重运输机械设计研究院 QDL 系列（63/16t～100/20t）
轻量化通用桥式起重机

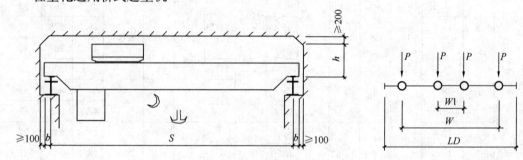

8 轮吊车参数数据　　　　　　　　　　　　　附表 7-4

起重量 Q(t)	工作级别	跨度 S(m)	起升高度(m)		运行速度(m/min)		基本尺寸(mm)					轨道型号	重量(t)		轮压(kN)	
			主钩	副钩	大车	小车	LD	W	W1	H	b		小车重	总重	P_{max}	P_{min}
63/16	A5	16	20	22	62.83	31.42	8730	6580	2580	2751	260	QU80	16.101	38.6	216	19
		19												41.1	225	22
		22												44.1	234	26
		25					6580	2580		2971				50.2	242	30
		28			64.40	8770								54.0	250	35
		31								2973				59.0	258	40
		34												63.7	266	46
	A6	16	20	22	75.40	29.85	8730	6580	2580	2948	260	QU80	19.840	42.5	223	21
		19												46.1	233	25
		22												49.4	244	29
		25					6580	2580		3168				55.7	253	35
		28			84.82	8770								59.7	263	41
		31												65.6	273	48
		34								3170				70.1	283	55

起重量 Q (t)	工作级别	跨度 S (m)	起升高度 (m)		运行速度 (m/min)		基本尺寸 (mm)					轨道型号	重量 (t)		轮压 (kN)	
			主钩	副钩	大车	小车	LD	W	W1	H	b		小车重	总重	P_{max}	P_{min}
80/20	A5	16	20	22	64.40	29.85	8870	6620	2620	2963	260	QU80	19.840	44.6	259	22
		19												47.3	271	26
		22								2965				51.5	281	30
		25								3017				57.0	291	35
		28					9050	6600	2600					61.6	303	42
		31			65.97					3019				67.4	311	48
		34												74.1	321	54
	A6	16	20	22	84.82	29.85	8870	6620	2620	3160	260	QU80	19.852	45.3	265	25
		19												48.9	277	30
		22								3162				53.4	290	35
		25								3214				58.4	301	41
		28			81.68		9050	6600	2600					64.0	313	50
		31								3224				70.4	324	58
		34								3232				78.2	336	67
100/20	A5	16	20	22	65.97	29.85	8870	6620	2620	3260	260	QU80	19.852	45.6	305	25
		19												48.0	319	29
		22								3262				54.9	331	34
		25								3314				58.8	342	39
		28					8950	6600	2600	3316				67.2	354	47
		31								3318				70.0	366	55
		34								3326				73.4	376	62
	A6	16	20	22	81.68	29.85	8870	6620	2620	3383	260	QU80	22.443	47.6	313	29
		19								3385				50.1	328	34
		22												58.2	342	41
		25								3439				65.9	356	49
		28					8950	6600	2600	3447				70.7	368	56
		31								3449				70.9	381	65
		34								3459				87.9	392	74

参 考 文 献

[1] 中华人民共和国建筑工程部. 荷载暂行规范(规结-1-58). 北京：建筑工程出版社，1958
[2] 中华人民共和国建筑工程部. 工业与民用建筑结构荷载规范(TJ 9—74). 北京：中国建筑工业出版社，1974
[3] 中华人民共和国国家标准. 建筑结构荷载规范 GBJ 9—87. 北京：中国计划出版社，1989
[4] 中华人民共和国国家标准. 建筑结构荷载规范 GB 50009—2001. 北京：中国建筑工业出版社，2002
[5] 中华人民共和国国家标准. 建筑结构荷载规范 GB 50009—2012. 北京：中国建筑工业出版社，2012
[6] 中国建筑科学研究院《建筑结构荷载规范》管理组. 《建筑结构的荷载》(建筑结构荷载规范宣讲材料)(内部资料). 北京：1987
[7] 国家标准《建筑结构荷载规范》管理组. 《建筑结构荷载规范》GB 50009—2012 宣讲培训材料(内部资料). 北京：2012
[8] 陈基发，沙志国. 建筑结构荷载设计手册. 第2版. 北京：中国建筑工业出版社，2004
[9] 张相庭. 结构风工程理论·规范·实践. 北京：中国建筑工业出版社，2006
[10] 全国民用建筑工程设计技术措施(2009年版)结构(结构体系)分册. 住房和城乡建设部工程质量安全监管司. 中国建筑标准设计研究院组织编制. 北京：2009
[11] 张相庭. 工程结构风荷载理论和抗风计算手册. 上海：同济大学出版社，1990
[12] 克莱斯·迪尔比耶，斯文·奥勒·汉森著，薛素铎，李雄彦译. 结构风荷载作用. 北京：中国建筑工业出版社，2006
[13] 中华人民共和国国家标准. 电子信息系统机房设计规范 GB 50174—2008. 北京：中国建筑工业出片版社，2008
[14] 中华人民共和国行业标准. 城市桥梁设计规范 CJJ 11—2011. 北京：中国建筑工业出版社，2011
[15] 中华人民共和国行业标准. 电信专用房屋设计规范 YD/T 5003—2005. 北京：北京邮电大学出版社，2006
[16] 中华人民共和国行业标准. 公路桥涵设计通用规范 JTG D60—2004. 北京：人民交通出版社，2004
[17] 中华人民共和国行业标准. 水工混凝土结构设计规范 SL 191—2008. 北京：中国电力出版社，2008
[18] 中华人民共和国行业标准. 铁路桥涵设计基本规范 TB 10002.1—2005. 北京：中国铁道出版社，2005
[19] 中华人民共和国行业标准. 建筑基坑支护技术规程 JGJ 120—2012. 北京：中国建筑工业出版社，2012
[20] 中华人民共和国国家标准. 建筑边坡工程技术规范 GB 50330—2013. 北京：中国建筑工业出版社，2013
[21] 中华人民共和国国家标准. 给水排水工程构筑物结构设计规范 GB 50069—2002. 北京：中国建筑工业出版社，2002

［22］ 中华人民共和国国家标准. 工程结构可靠性设计统一标准 GB 50153—2008. 北京：中国建筑工业出版社，2008

［23］ 中华人民共和国国家标准. 建筑地基基础设计规范 GB 50007—2011. 北京：中国建筑工业出版社，2012

［24］ 中华人民共和国国家标准. 混凝土结构设计规范 GB 50010—2010. 北京：中国建筑工业出版社，2011

［25］ 中华人民共和国国家标准. 钢结构设计规范 GB 50017—2003. 北京：中国建筑工业出版社，2003

［26］ 中华人民共和国国家标准. 人民防空地下室设计规范 GB 500038—2005. 北京：中国建筑工业出版社，2005

［27］ 中华人民共和国行业标准. 高层建筑混凝土结构技术规程 JGJ 3—2010. 北京：中国建筑工业出版社，2010

［28］ 中华人民共和国国家标准. 电梯制造与安装安全规范 GB 7588—2003. 北京：中国建筑工业出版社，2003

［29］ 中华人民共和国国家标准. 起重机设计规范 GB 3811—2008. 北京：中国建筑工业出版社，2008

［30］ 中国工程建设标准化协会标准. 预应力钢结构技术规程 CECS 212：2006. 北京：中国计划出版社，2006

［31］ 汪一骏等. 钢结构设计手册(上册). 北京：中国建筑工业出版社，2003

［32］ 中国建筑科学研究院. 外国建筑结构荷载规范汇编(内部资料). 北京：1991

［33］ 杨靖波，牛华伟等. 单体山丘越山风流速变化试验研究. 结构工程师，Vol. 29，No. 5，2013

［34］ 范重，曹爽. 汽车库等效均布活荷载取值问题研究. 建筑结构，Vol. 44，No. 17，2014

［35］ 周恒毅等. 雪荷载特性实测研究. 建筑结构，Vol. 44，No. 17，2014

［36］ Handbook 3 Actions Effects For Buildings. Development of Skills Facilitatings Implementation of Eurocodes. Aachen 10. 2005